FVSR
Fachverlag für Steuern und Recht GmbH

Inventur kompakt

Ein kurzer Leitfaden zur Stichtagsinventur mit Checklisten und Vordrucken

von Dipl.-Kfm. Elmar Goldstein

FVSR FACHVERLAG FÜR STEUERN UND RECHT GMBH

Die Deutsche Bibliothek - CIP-Einheitsaufnahme

Inventur kompakt
Ein kurzer Leitfaden zur Stichtagsinventur
mit Checklisten und Vordrucken

ISBN 978-3-941729-04-9
3. überarbeitete Auflage

1. Auflage ISBN 3-937473-03-3

64625 Bensheim, Bernhard-Krauss-Weg 7a
Telefon ++49 06251 583712 Telefax 06251 583713
Internet: http://www.fvsr.de, E-Mail: contact@fvsr.de

Layout: WALDENDESIGN, I-57023 Cecina

Coverfoto: © Paul-Georg Meister /PIXELIO

Druck: BoD GmbH, Gutenbergring 53 D-22848 Norderstedt

Inhalt

Vorwort

Jeder Kaufmann hat zu Beginn seines Handelsgewerbes seine Grundstücke, seine Forderungen und Schulden, den Betrag seines Bargelds sowie seine sonstigen Vermögensgegenstände in einem sogenannten Inventar aufzuzeichnen. Dabei muss er den Wert seiner einzelnen Vermögensgegenstände und Schulden angeben. Zum Ende eines jeden Wirtschaftsjahres ist ein solches Inventar erneut aufzustellen.

Wenn Sie jedes Jahr zur Inventur verpflichtet sind, so will Ihnen dieser kleine Leitfaden die Arbeit erleichtern.

Freiberufler und sämtliche Unternehmer, die ihren Gewinn aufgrund einer Einnahmenüberschussrechnung ermitteln (dürfen), sind von dieser Verpflichtung ausgenommen.

Die Bestandsaufnahme selbst bezeichnet man als Inventur.

Die jährlich durchzuführende Inventur dient neben der Feststellung des richtigen Jahresergebnisses auch der Überprüfung und eventuell notwendigen Richtigstellung der buchhalterischen Bestände. Was vielleicht als beiläufige Bestätigung der Zahlen aus der Buchhaltung erscheint, ist tatsächlich eine folgenschwere gesetzliche Pflicht.

> *Eine nicht ordnungsmäßige Inventur führt dazu, dass selbst die ansonsten nicht zu beanstandende Buchführung des Inventur- und des Folgejahres verworfen werden kann. Es droht dann die Schätzung des Jahresgewinns durch den Steuerprüfer.*

Wenn an dieser Stelle zum Thema Inventur hauptsächlich auf die der Warenvorräte eingegangen wird, so weil Planung, Organisation und Durchführung dieser Bestandsaufnahme ungleich mehr Aufwand erfordert, als die sämtlicher anderen Vermögensgegenstände.

Für kleine und mittlere Betriebe könnten die folgenden Anweisungen, Merkblätter und Organisationshilfen zum Teil überdimensioniert sein. Auch sind die an eine Inventur für einen Supermarkt angelehnten praktischen Arbeitsmittel nicht ohne weiteres übertragbar auf z.B. die Lagerinventur eines Handwerksbetriebes.

Auf eine allgemeine und theoretische Darstellung der Inventur, ausführlicher mathematischer Stichproben- und Testverfahren sowie die Lösung von Bewertungsproblemen wurde in diesem Beitrag zugunsten praktischer Arbeitsmittel verzichtet.

Für Fehlerhinweise, Verbesserungsvorschläge und Kritik sind Verlag und Autor dankbar.

Bensheim im April 2016
Dipl.-Kfm. Elmar Goldstein

Grundlagen der Inventur

Welche Grundsätze sind bei der Bestandsaufnahme zu beachten?

Obwohl nicht ausdrücklich geregelt, sollen generell die Vermögensgegenstände körperlich, vollständig und einzeln aufgenommen werden. Ein Inventar muss darüber hinaus richtig und nachprüfbar sein, durch den Aspekt der Wirtschaftlichkeit ist es jedoch insgesamt vor überzogenen Ansprüchen geschützt.

Grundsatz der körperlichen Inventur

Eine körperliche Bestandsaufnahme (die Inventur im engeren Sinne) ist ohnehin nur bei Sachgegenständen möglich. Das sind in der Regel das materielle Anlagevermögen und die Vorräte.

Forderungen, immaterielle Vermögensgegenstände, Verbindlichkeiten usw. können naturgemäß nicht körperlich aufgenommen werden:

- Finanzanlagen sind durch geeignete Dokumente nachzuweisen. Dazu gehören Auszüge aus dem Grundbuch, Hypotheken- und Grundschuldbriefe, Depotbestätigungen, Vertragsunterlagen
- Forderungen (Debitoren) und Verbindlichkeiten (Kreditoren) werden in Saldenlisten erfasst. Bei großen oder zweifelhaften Beträgen empfiehlt es sich, von Kunden und Lieferanten Saldenbestätigungen einzuholen
- Kontostände bei Kreditinstituten werden durch die Auszüge zum Bilanzstichtag nachgewiesen, ebenso Wertpapiere in Depotverwaltung zur kurzfristigen Anlage

Körperlich aufgenommen werden hingegen die Wertpapiere in Eigenverwaltung sowie Bargeld, Besitzwechsel und Schecks.

- Verbindlichkeiten, die der Kaufmann als Akzeptant eines gezogenen oder als Aussteller eines eigenen Wechsels übernommen hat, ergeben sich aus dem Schuldwechselbuch

- Bei der Erfassung langfristiger Verbindlichkeiten wie z.B. Bankdarlehen zieht man die entsprechenden Vertragsunterlagen heran. Zusätzlich sollen Art und Umfang der Besicherung einer langfristigen Verbindlichkeiten dokumentiert sein

Körperliche Bestandsaufnahme von Sachanlagevermögen

Da Sachanlagen dazu bestimmt sind, dem Betrieb auf Dauer zu dienen, ändern sich ihre Bestände in geringerem Maße als bei häufig umgeschlagenen Vorräten. Allerdings unterliegen die abnutzbaren Anlagegüter einer zumindest regelmäßigen Wertveränderung durch Abschreibungen und ggf. Zuschreibungen.

Weniger als auf die Bestandsaufnahme zum Ende des Geschäftsjahres kommt es deshalb beim Anlagevermögen darauf an, wie es sich im Laufe des Jahres entwickelt hat. Diese Entwicklung sollte aufgezeichnet werden. Zu- und Abgänge des Anlagevermögens können in der Regel von den Anlagekonten der Finanzbuchhaltung abgelesen werden. Hingegen sind wertmäßige Änderungen schon wegen möglicher Bewertungswahlrechte erst beim Jahresabschluss vorzunehmen. Wenn dieses Bestandsverzeichnis z.B. als sogenannter Inventarbogen oder in Form einer Anlagenkartei bestimmten Erfordernissen genügt, können Sie auf eine körperliche Bestandsaufnahme des beweglichen Anlagevermögens zum Jahresende verzichten.
Diese Voraussetzungen sind:

- die genaue Bezeichnung des Gegenstandes
- der Buchwert am Bilanzstichtag
- den Tag der Anschaffung oder Herstellung
- die Abschreibungsmethode und die Nutzungsdauer
- die Höhe der Anschaffungs- oder Herstellungskosten
- der Tag des Abgangs und
- ggf. Zuschreibungen und außerplanmäßige Abschreibungen

Dennoch sollte hin und wieder überprüft werden, ob die in der Buchhaltung ausgewiesenen Anlagengegenstände tatsächlich noch vorhanden sind.

Selbst bei sonst ordnungsmäßiger Buchführung kann es vorkommen, dass

- für neu angeschaffte Maschinen keine Anlagenkarte angelegt wurde

oder weil kein Zahlungsvorgang existiert und deshalb nicht verbucht ist z.B.,

- das Verschrotten einer alten Maschine oder
- die Entnahme eines gebrauchten Computers übersehen wird

Solche Fehler werden ggf. nur durch eine körperliche Aufnahme erkannt. Im Normalfall sollte sich jedoch aus der obigen Fortschreibung der zum Bilanzstichtag richtige Bestand ermitteln lassen.

Überprüfen Sie anhand der Anlagenkartei bzw. -datei oder dem Inventarbogen bereits vor der Fortschreibung, ob sämtliche der verzeichneten Anlagegüter noch im Betrieb eingesetzt sind. Stellen Sie fest, dass keine Anschaffung vergessen wurde:

- eine Anschaffung durch private Mittel
- die Übernahme aus einem Leasingvertrag oder
- ein Tauschgeschäft oder Inzahlungnahme.

Zwischen 10% und 50% betrieblich genutzte Wirtschaftsgüter sind für Kaufleute willkürbar. So können Sie beispielsweise Ihren privaten Pkw, der bereits im Betrieb eingesetzt wird, als gewillkürtes Anlagegut einlegen.

Geringwertige Anlagegüter (Anschaffungs-/Herstellungskosten bis 410 EURO netto) sind nicht in das Bestandsverzeichnis aufzunehmen, wenn sie im Jahr der Anschaffung in voller Höhe abgeschrieben werden.

Geringwertige Wirtschaftsgüter im Wert von bis zu 1.000 EUR im sogenannte „Sammelpool" müssen ebenfalls nicht aufgezeichnet werden.

Ebenfalls nicht im Anlageverzeichnis werden solche Gegenstände erfasst, bei denen ein Festwert zulässigerweise angesetzt werden darf (auf die Festbewertung soll nicht weiter eingegangen werden, da dieses in sich komplizierte Verfahren tatsächlich nur in speziellen Fällen zur gewünschten Vereinfachung führt).

Körperliche Bestandsaufnahme der Vorräte

Unter "Gegenstände des Vorratsvermögens" fallen alle Roh-, Hilfs- und Betriebsstoffe, unfertige und fertige Erzeugnisse sowie Handelsware. Eine körperliche Bestandsaufnahme zu einem Stichtag ist nur dann nicht erforderlich, wenn eine zuverlässige Bestandsbuchführung existiert. Als zuverlässig gilt hierbei, wenn einmal im Jahr die Übereinstimmung der Sollbeständen mit den körperlich aufgenommenen Istbeständen festgestellt wird. Dies kann z.B. für jede Warengruppe zu verschiedenen Zeitpunkten zum jeweiligen Minimalbestand geschehen (siehe dazu den Stichpunkt: Permanente Inventur).

Körperlich erfasst werden die vorhandenen Mengen nach handelsüblicher Stückzahl, Längen-, Flächen- und Raummaßen sowie dem Gewicht. Verwenden Sie zur eindeutigen Identifizierung die entsprechende Kennung der Gegenstände (Serien-, Chargen-, Fahrgestellnummer). Sofern Sie dies vertreten können, wird auch die Erfassung in handelsunüblichen Größen zulässig:

Kleinteile brauchen nicht gezählt sondern dürfen abgewogen werden, wenn das Gewicht von beispielsweise 10 Stück genau ermittelt wurde. Der Bestand an gleichartig gestapelten Vorräten wie z.B. Bleche, Rohre und Papier in Stückmenge lässt sich durch Erfahrungswerte und Stichproben nach Gewicht und Volumen feststellen.

Das Gewicht der Halden eines Schrotthändlers durfte anhand der bedeckten Lagerfläche und Höhe der Schrotthaufen geschätzt werden, weil das Verwiegen in diesem Einzelfall nur erschwert möglich war (FG Münster R IV/37 vom 12.5.1960).

Die Mengenerfassung geschieht durch Einträge auf Aufnahmevordrucken oder zunächst mit Geräten der mobilen Datenerfassung durch Tastatureingabe, Lichtstifte oder Scanner, deren Daten als ausgedruckte Inventurlisten auszuwerten und von den Aufnehmenden abzuzeichnen sind.

Handschriftliche Einträge müssen mit Kugelschreiber o. Ä. auf nummerierten und von der Aufnahmeperson quittierten Aufnahmevordrucken gemacht werden. Unrichtige Einträge sind so zu streichen, dass sie noch lesbar bleiben. Vermerkt wird das Datum der Aufnahme, ggf. Ansager und Aufschreiber sowie der Prüfer. Große Mengen werden auf Zählzettel vorgeschrieben.
Wenn ein Aufnahmebereich vollständig aufgenommen ist, kann die Prüfung beginnen. Gewöhnlich ist die stichprobenweise Nachzählung jeder zehnten Position ausreichend. Nur bei ungewöhnlichen Größen, z.B. Zählung der Paare anstelle der Stückzahl oder an den Bereichsgrenzen, ist besondere Vorsicht geboten. Schließlich wird der Abschluss der Prüfung an den Inventurleiter gemeldet, der die aufgenommenen und nunmehr geprüften Bereiche freigibt. Die Aufschreiber haben sämtliche ausgefüllten oder leeren Aufnahmebelege abzugeben. Diese körperliche Vorratsinventur wird im Anschluss detailliert beschrieben.

Vollständigkeit der Bestandsaufnahme

Der Grundsatz der Vollständigkeit sieht vor, dass alle Vermögensgegenstände und Verbindlichkeiten des Kaufmannes in der Bilanz erfasst werden und damit auch im Inventar. Dies mag zunächst selbstverständlich anmuten, stößt aber mitunter auf praktische Probleme bei der eindeutigen wirtschaftlichen Zuordnung der Vermögensgegenstände. Erwähnt wurde bereits das geleaste Anlagegut, das je nach Vertragsgestaltung und Nutzungsdauer alternativ dem Leasinggeber (Regelfall) oder dem Leasingnehmer zuzurechnen und damit in dessen Inventar aufzunehmen ist. Maßgeblich ist die tatsächliche, nicht die rechtliche Verfügungsmacht über den Gegenstand mit dessen Nutzen, Lasten und der Gefahr des Untergangs.

- Ein Lkw, der Hausbank sicherungsübereignet, gehört beispielsweise genauso zum wirtschaftlichen Eigentum des Unternehmers wie seine bereits eingelagerte Ware, die noch unter dem Eigentumsvorbehalt des Lieferanten steht. In beiden Fällen ist der Unternehmer nicht der rechtliche Eigentümer

- Kommissionswaren beim Kunden, Materialien, die zur Lohnveredelung verschickt wurden, abgerechnete Unterwegswaren von Lieferern/noch nicht berechnete Unterwegsware an Kunden, Erzeugnisse im Außenlager, vermietete, ausgestellte, verliehene oder zur Probe gelieferte Wirtschaftsgüter - all diese Gegenstände müssen buchmäßig erfasst und in das Inventar aufgenommen werden

Hingegen gehören fremde Vorräte auch dann nicht zum Vermögen des Kaufmanns, wenn sie sich im Betrieb befinden, also die oben bezeichneten Gegenstände im umgekehrten Fall wie z.B.

- in Kommission genommene Waren, fremde Materialien, die zur Lohnverhandlung angenommen wurden etc.

- Zu den Fremdgegenständen gehören möglicherweise auch Verpackungen, Paletten, Gasflaschen u.Ä. sofern über sie nur eingeschränkt verfügt werden kann.

Sie gehören streng genommen nicht in das eigentliche Inventar des Kaufmanns, werden aber zu Beweiszwecken im Rahmen der Inventur mit aufgenommen und als fremde Wirtschaftsgüter gekennzeichnet.

Die nachprüfbare, richtige und wirtschaftliche Inventur

Die Bestände sind vollständig nach Art und Menge und eindeutig identifizierbar festzustellen. Um nachprüfbar zu sein, muss die Bestandsaufnahme mit sämtlichen Aufzeichnungen und Auswertungen (Zählzettel, Aufnahmebelege, Inventurlisten, Übersichten etc.) dokumentiert werden. Die Dokumentation muss so beschaffen sein, dass ein sachverständiger Dritter sich innerhalb angemessener Zeit einen Überblick über die Bestände verschaffen kann.

Geringfügige Mängel gefährden die Ordnungsmäßigkeit der Buchführung noch nicht. Solche Fehler werden berichtigt und der neue Sachverhalt im Nachhinein berücksichtigt.
Werden aber z.B.

- bei der permanenten Inventur keine Bestandskorrekturen erfasst
- Aufzeichnungen mit Bleistift auf nicht nummerierten Seiten, ohne Datum und Unterschrift gemacht
- erhebliche, nicht mehr nachvollziehbare Bestände "vergessen"

wird das Inventar als nicht ordnungsgemäß verworfen (BFH, Urteil vom 13.10.1972 - I R 123/70) mit recht unangenehmen Folgen.

Auch eine ansonsten nicht zu beanstandende Buchführung wird dadurch als nicht ordnungsmäßig angesehen und zwar die des abgelaufenen als auch des folgenden Geschäftsjahres. Ein unrichtiges Inventar erlaubt den Betriebsprüfern deshalb die Gewinnschätzung und führt ggf. zu Bußgeld- und Steuerstrafverfahren.

Der Bundesgerichtshof hatte in seinem Urteil vom 26.08.1975 - VIII R 109/70 ein Einsehen mit Kleinunternehmern:

> *Auch in kleineren Betrieben, insbesondere in einem Handwerksbetrieb, müssen die halbfertigen Arbeiten und Hilfsstoffe - ebenso wie in einem Fertigungsbetrieb Halbfabrikate und Hilfsstoffe - an den Bilanzstichtagen grundsätzlich durch Inventur aufgenommen werden. Darüber sind Aufzeichnungen zu machen, die eine Nachprüfung sowohl der vollständigen Aufnahmen als auch der Bewertung ermöglichen. Es steht nicht im Ermessen des Steuerpflichtigen, ob er diese Aufzeichnungen führen will oder nicht. Da der Kläger die vorhandenen halbfertigen Arbeiten und Hilfsstoffe zum 31. Dezember 1963 weder bestands- noch wertmäßig aufgenommen hat, ist die Buchführung formell insoweit nicht ordnungsmäßig.*
>
> *Dieser formale Mangel muss jedoch nicht zwangsläufig, wie das FG angenommen hat, zur Versagung der Ordnungsmäßigkeit der Buchführung führen. ..... Der Senat hat keine Bedenken, bei kleineren Betrieben mit überschaubaren Verhältnissen trotz Vorliegens formeller Buchführungsmängel, welche die Überprüfung des sachlichen Ergebnisses nicht beeinträchtigen, die Ordnungsmäßigkeit der Buchführung zu bejahen, falls nicht besondere Umstände entgegenstehen.*

Die vollständige Erfassung einzelner und identifizierbarer Vermögensgegenstände bedeutet gerade beim Vorratsvermögen einen erheblichen Arbeitsaufwand. Überzogene Ansprüche an die Richtigkeit und Exaktheit der ermittelten Mengen führen ab einem bestimmten Punkt dazu, dass unverhältnismäßig hohe Kosten verursacht werden. Hier wird der Grundsatz der Wirtschaftlichkeit verletzt. Die noch zusätzlich gewonnenen Informationen sind für den Adressaten des Inventars und der Bilanz im Grunde unwesentlich und rechtfertigen nicht mehr den zusätzlichen Aufwand.

Wirtschaftliche Aspekte haben den Gesetzgeber dazu gebracht, Verfahren zu Inventurerleichterungen zuzulassen. Darüber hinaus rechtfertigt der abstrakte Grundsatz der

Wirtschaftlichkeit auch vorsichtige Abweichungen vom Prinzip der Richtigkeit und Vollständigkeit, wie sie in Ihrem Betrieb im konkreten Einzelfall nötig sein könnten

Beispiel:	
Ein Pkw-Vertragshändler mit einem Jahresumsatz von ca. 20 Mio EURO ermittelt zum Jahresende auch den Bestand an Heizöl seiner Heizungsanlage. An der Tankanzeige des 10.000-Liter-Tanks liest er eine Füllung von ca. 3/4 ab. Der fast leere Tank wurde im Sommer zu einem Preis von 40,-/100 l aufgefüllt. Wirtschaftlich und zulässig ermittelt beträgt	
- die Menge an Heizöl =	7.500 Liter
- der Wert des Heizöls =	3.000 EUR

Es ist für den späteren Bilanzleser oder das Finanzamt zur Einschätzung der Vermögenssituation und Ertragslage des Autohändlers vollkommen unerheblich, dass die Menge Heizöl tatsächlich 7.590 l beträgt und dass die Sommerreste von 150 Litern zu einem Preis von 38,-/100 l angeschafft wurden.

Sie sollten solche wirtschaftlichen Ermittlungen hinreichend dokumentieren, um sich im Streitfall gegen allzu unrealistisch aufgemachte Gegenrechnungen des Betriebsprüfers wehren zu können.

Inventurverfahren

Stichtagsinventur

Die unter Kaufleuten herkömmliche Form der Inventur ist die körperliche Bestandsaufnahme zum Bilanzstichtag (Stichtagsinventur). Sie darf innerhalb eines Zeitraums von 10 Tagen vor oder bis 10 Tage nach dem Bilanzstichtag durchgeführt werden. Voraussetzung dafür ist jedoch, dass die Bestandsveränderungen innerhalb dieser abweichenden Tage durch ordnungsgemäße Aufzeichnungen und Belege berücksichtigt werden können.

Verlegte Inventur

Ein Inventurvereinfachungsverfahren bietet das Handelsgesetzbuch in Form der verlegten Inventur. Danach dürfen Kaufleute innerhalb der letzten drei Monate vor oder innerhalb der ersten zwei Monate nach dem Bilanzstichtag ihren Bestand körperlich aufnehmen (im so genannten besonderen Inventar). Dazu müssen Sie gewährleisten, dass der Wert des Bestandes zum Schluss des Geschäftsjahres durch ein zulässiges Fortschreibungs- oder Rückrechnungsverfahren aus dem besonderen Inventar bestimmt werden kann. Das besondere Inventar kann auch durch eine permanente Inventur oder nach Stichprobenverfahren aufgestellt werden (siehe dort).

Die Vereinfachung der verlegten Inventur besteht darin, dass nur der wertmäßige nicht aber der mengenmäßige Bestand zum Schluss des Geschäftsjahres ermittelt werden muss. Wenn die Zusammensetzung des Warenbestandes an den beiden Stichtagen nicht wesentlich voneinander abweicht, kann der Bestand zum Jahresende

vom Inventurbestand hochgerechnet werden. Dies geschieht, indem der Wareneingang bis zum Bilanzstichtag hinzugerechnet und der Wareneinsatz abgezogen wird. Vorräte, deren Wert nach den Verbrauchsfolgeverfahren ermittelt werden sollen, sind von der verlegten Inventur ausgeschlossen und müssen zum Bilanzstichtag im mengenmäßigen Bestand körperlich aufgenommen werden.
Ausgeschlossen sind ebenfalls alle Gegenstände, die entweder besonders wertvoll sind oder bei denen durch Schwund, Verderb, Zerbrechen u.Ä. unkontrollierte Verluste eintreten, sofern der Schwund nicht annähernd zutreffend abgeschätzt werden kann.

<table>
<tr><td colspan="2">Beispiel:</td></tr>
<tr><td colspan="2">Der Spielwarenhändler X erfasst seinen Warenbestand vor Beginn des Weihnachtsgeschäftes zum 1. Oktober im Wert von 150.000 EUR.

Seine Wareneinkäufe bis Ende des Jahres - keine ausgesprochenen Weihnachtsartikel - betragen zusätzliche 250.000 EUR.

Er erzielt zwischen dem 1. Oktober und 31. Dezember 300.000 EUR Umsatz bei einem durchschnittlichen Rohgewinn von 50 % des Umsatzes.

Wie hoch ist der Wert seines Warenbestandes zum 31.Dezember?</td></tr>
<tr><td>150.000 EUR</td><td>gleich Wert des Warenbestands am Inventurstichtag</td></tr>
<tr><td>+ 250.000 EUR</td><td>zuzüglich Wareneingang</td></tr>
<tr><td>= 250.000 EUR</td><td>Wert des Warenbestands am Bilanzstichtag</td></tr>
<tr><td>./. (300.000 EUR ./. 150.000 EUR)</td><td>abzüglich Wareneinsatz
(Umsatz abzüglich Rohgewinn).</td></tr>
<tr><td>= 250.000 EUR</td><td>Wert des Warenbestands am Bilanzstichtag</td></tr>
</table>

Permanente Inventur

Das Inventar für den Bilanzstichtag darf auch aufgrund einer permanenten Inventur aufgestellt werden, wobei der Bestand nach Art und Menge sich hierbei aus einer Lagerbuchhaltung ergibt.

In der Bestandsbuchführung (Lagerbuch, Lagerkartei, Lagerdatei) müssen alle Bestände, sowie die Zu- und Abgänge einzeln nach Tag, Art und Menge (Stückzahl, Gewicht, Maß) eingetragen und belegt werden.

In jedem Wirtschaftsjahr müssen mindestens einmal durch körperliche Bestandsaufnahme die tatsächlichen Bestände mit den Sollbeständen in der Buchhaltung abgeglichen werden. Die Prüfung braucht aber nicht für alle Bestände gleichzeitig erfolgen. Es empfiehlt sich jeweils die Mindestmengen oder gar den Nullbestand eines Artikels vor einer Neubestellung zu prüfen.

Nach der Überprüfung sind die Buchbestände ggf. zu berichtigen und der Prüfungstag auf der Lagerkarte o.Ä. zu vermerken.

Wie bei jeder Inventur müssen auch hier Aufzeichnungen über die Bestandsaufnahme in so genannte Inventurlisten vorgenommen werden, die von den aufnehmenden Personen abzuzeichnen sind und danach zehn Jahre aufbewahrt werden müssen. Von der permanenten Inventur sind wiederum alle besonders wertvollen und alle durch unkontrollierten Schwund betroffenen Wirtschaftsgüter ausgenommen.

Diese drei beschriebenen Verfahren der Inventur - die Inventur zum Bilanzstichtag, die verlegte und die permanente Inventur - dürfen Sie nach Belieben kombinieren, sofern die vorgeschriebenen Voraussetzungen erfüllt werden. Damit machen Sie sich die gesetzliche Zwangsarbeit so leicht wie möglich und die Bestandskontrolle für Ihre Zwecke so aktuell und informativ, wie Sie es für richtig erachten.

Stichprobenverfahren

Der Bestand der Vermögensgegenstände nach Art, Menge und Wert kann auch aufgrund von Stichproben ermittelt werden. Diese Inventurverfahren sind in der Praxis recht unbekannt und daher noch wenig verbreitet. Sie werden an dieser Stelle deshalb eingehender behandelt.

Im Grunde sind die Stichprobenverfahren nur dann wirtschaftlich durchführbar, wenn eine hinreichend genaue Lagerbuchhaltung besteht. Dabei reicht es aus, wenn die laufende Lagerbuchhaltung nur art- und mengenmäßig erfolgt und eine Bewertung der Gegenstände jeweils erst zum Ende des Jahres ansteht.

Ein zulässiges Stichprobenverfahren muss den Grundsätzen ordnungsmäßiger Buchführung entsprechen, d.h.:

1. Vollständigkeit
2. Richtigkeit und
3. Nachprüfbarkeit sowie
4. beruhen auf einer anerkannten mathematisch-statistischen Methode

(1) Nach dem Grundsatz der Vollständigkeit müssen alle Positionen soweit erfasst sein, sodass sie in einer Stichprobe überhaupt ausgewählt werden können. Sämtliche genommenen Stichproben müssen auch ausgewertet werden.

(2) Der Grundsatz der Richtigkeit gilt dann als gewahrt, wenn der Aussagewert des durch Stichproben erstellten Inventars einem aufgrund einer körperlichen Bestandsaufnahme erstellten gleichkommt. Mit einem Sicherheitsgrad von 95 % (entspricht 95 von 100 Inventuren) wird ein relativer Stichprobenfehler von höchstens 1 % des Werts der Grundgesamtheit für zulässig erachtet. Wegen der Hochrechnung aus Stichproben sind an die körperliche Aufnahme der einzelnen Proben erhöhte Anforderungen hinsichtlich Sorgfalt und Kontrolle zu stellen.

(3) An das Kriterium der Nachprüfbarkeit sind ebenso hohe Ansprüche geknüpft wie bei einer Stichtagsinventur. Es brauchen hier keine genaueren Angaben zu den Stichproben gemacht werden, da dies ja dem Vereinfachungszweck zuwider laufen

würde. Die einzelnen Positionen können im Nachhinein genauso eingehend kontrolliert werden wie bei der konventionellen Bestandsaufnahme.

Zusätzlich dokumentiert wird lediglich die Methode der Stichprobenauswahl und deren Auswertung - in einer von einem sachverständigen Dritten nachvollziehbaren Form. Als Auswahlverfahren kommen hierbei Zufallszahlen, Losentscheide, systematische Auswahl mit Zufallsstart, das Schlussziffernverfahren u.v.a. in Betracht.

Vor der Durchführung der Stichprobenverfahren wird das Lager zunächst auf seine wert- und mengenmäßige Zusammensetzung hin analysiert. Oftmals wird der Einsatz dieser Verfahren überhaupt erst davon abhängig gemacht, ob bereits einige wenige hochwertige Positionen des Bestandes einen Großteil des Lagerwertes ausmachen. Im Idealfall decken 3 - 5 % der Menge bereits 45 - 50 % des Wertes ab. Nur die geringwertigen Positionen, also 95-97% der Menge, werden in das Verfahren mit einbezogen. Die hochwertigen Positionen hingegen sind vollständig körperlich aufzunehmen.

Von der Grundgesamtheit der zu ermittelnden Menge ausgenommen werden ferner: Gegenstände mit unkontrolliertem Schwund,

- leicht verderbliche Güter,
- besonders wertvolle Einzelgüter,
- Negativpositionen und
- Positionen, die im Geschäftsjahr nicht bewegt wurden.

Der erforderliche Mindeststichprobenumfang ist aufgrund der Merkmalsstruktur der Grundgesamtheit festzulegen. Als Faustregel sind 30 bis 100 Stichproben als ausreichend anzusehen, im Falle der geschichteten Hochrechnung empfiehlt man bis zu 300 Stichproben.

(4) Anerkannte mathematisch-statistische Verfahren gibt es in großer Anzahl, wobei zwischen Schätzverfahren und Testverfahren unterschieden wird.

Schätzverfahren

Bei der Mittelwertschätzung ergibt sich der Gesamtwert durch Multiplikation des Stichprobenmittelwertes mit der Anzahl aller Lagerpositionen.

Beim geschichteten Mittelwertverfahren wird die Grundgesamtheit zuvor in gleichartige Schichten aufgeteilt.

Die gebundenen Schätzverfahren werten Informationen aus den Stichproben und den Buchwerten der Bestandsbuchhaltung aus. Als wichtigste dieser Methoden gelten die Differenzschätzung, Verhältnisschätzung und Regressionsschätzung.

So versucht die Verhältnisschätzung das Verhältnis zwischen Aufnahmewert der Stichprobe und dem Buchwert der zugrunde liegenden Position zu ermitteln. Um diesen ermittelten Faktor wird dann der Buchbestand korrigiert.

Beispiel:

Bei der Lagerposition "Schrauben" ergibt die Stichprobe bei den 10mm Schrauben 42 kg, bei den 30mm Schrauben 51 kg. Die Buchwerte der Lagerkartei betragen 40 kg bzw. 50 kg.

Die Abweichungsverhältnisse betragen 1:1.05 und 1:1.02, im arithmetischen Mittel somit 1:1,035. Die Buchwerte aller anderen zur Position "Schrauben" gehörenden Größen können demnach um den Faktor 1,035 erhöht werden.

Testverfahren

Hierbei wird nicht der Wert der betrachteten Inventurposition geschätzt und hochgerechnet, sondern die Lagerbuchhaltung selbst auf ihre Zuverlässigkeit getestet. Bestätigt sich durch den Test ihre Ordnungsmäßigkeit, werden die Buchwerte ohne Änderung in das Inventar übernommen. Deshalb erhalten Sie bei den Testverfahren niemals Abweichungen zwischen Buchwerten und Bestandswerten.

Beim homograden Sequentialtest wird die Annahme oder Ablehnung der Lagerbuchhaltung abhängig gemacht vom Anteil der fehlerhaften Elemente einer Lagerposition im Verhältnis zu den gezogenen Stichprobenelementen. Führt beispielsweise eine Fehlerquote von 4 % und mehr zur Ablehnung, eine Fehlerquote unter 2 % zur Annahme der Lagerbuchführung, werden nach vorgegebenen Kriterien Stichproben aus der Grundgesamtheit gezogen und nacheinander solange ausgewertet, bis die eine Grenze unter- bzw. die andere überschritten wird.

Die Zurückweisung der Buchhaltung führt dazu, dass die Inventur des Lagerbestandes nach einer anderen zuverlässigen Methode durchgeführt werden muss.

Bei Annahme der Buchhaltung werden die Buchwerte als Ergebnis der Bestandsaufnahme zum Jahresende übernommen.

Im heterograden Sequentialtest sind neben den Mengen auch die Werte mit einbezogen. Getestet wird die Buchhaltung auf eine Über- und eine Unterbewertung, wobei hier wegen der Varianz der Buchwerte die jeweiligen Annahme- und Ablehnungsgrenzen für die Buchhaltung veränderlich sind. Die Berechnung der Grenzen erfolgt unter der Annahme einer Normalverteilung, die einen hohen Mindeststichprobenumfang erfordert. Darauf soll jedoch hier nicht weiter eingegangen werden. Spätestens hier kann der Autor das Versprechen: "Inventur – leicht gemacht" nicht mehr erfüllen. Der interessierte Leser sei auf weiterführende Literatur verwiesen, z.B. erschöpfend dargelegt in: "Inventur" von Reiner Quick.

Vorbereitungen zur Vorratsinventur

Für die Durchführung der Inventur sind organisatorische Vorbereitungen zu treffen. Termine und Verantwortlichkeiten sollten für die nachfolgenden Tätigkeiten durch die Geschäftsführer in einem jährlich zu erstellenden Inventurkalender benannt werden.

Diese grundsätzlichen Fragen sind vorab zu klären, bevor mit der Planung begonnen werden kann:

- Kann die Bestandsaufnahme bei laufender oder reduzierter Produktion durchgeführt werden, muss der Laden während der Inventur geschlossen werden?
- Wie viel Zeit nimmt die Inventur voraussichtlich in Anspruch?

Die Planung betrifft folgende Maßnahmen und Aufgaben:

1. Ein von der Geschäftsleitung zu bestimmender Inventurleiter ist für die Planung und Durchführung verantwortlich.

2. Aus Gründen der Nachvollziehbarkeit ist für jede Inventur ein Inventurprotokoll zu führen, das alle wesentliche Tätigkeiten, die bezüglich der Inventur vorzunehmen sind, enthält (Kopiervorlage).

3. Der Inventurleiter hat den Betrieb in Aufnahmebereiche aufzuteilen, in denen die Bestände zusammengestellt sind. Diese sind deutlich zu markieren und in einem Lageplan der Einsatz des Aufnahmepersonals und Prüfers festzulegen. Dabei soll er besonders auf die Gefahr von Doppelerfassungen und Nichterfassen von Beständen achten. Zu den Inventurbereichen gehören nicht nur Lager- und Verkaufsräume, sondern auch Verkehrsflächen, Produktions- und Werkstätten und Büros auf dem Firmengelände.

4. Um die Vollständigkeit zu gewährleisten, müssen Vorkehrungen getroffen werden, wie die am Inventurtag eingehenden Waren und Betriebsstoffe, die Unterwegsware und ausgelagerten Vorräte (Kommissionswaren bei gewerblichen Kunden, Aus-

lieferungslager bei Lieferanten) erfasst werden können. Hingegen gehören fremde Vorräte auch dann nicht zum Vermögen des Kaufmanns, wenn sie sich im Betrieb befinden, also die oben bezeichneten Gegenstände im umgekehrten Fall wie z.B. in Kommission genommene Waren, fremde Materialien, die zur Lohnveredelung angenommen wurden etc. Zu den Fremdgegenständen gehören möglicherweise auch Verpackungen, Paletten, Gasflaschen u.Ä., sofern über sie nur eingeschränkt verfügt werden kann. Sie gehören streng genommen nicht in das eigentliche Inventar des Kaufmanns, werden aber zu Beweiszwecken im Rahmen der Inventur mit aufgenommen und als fremde Wirtschaftsgüter gekennzeichnet.

5. Das Aufnahmepersonal, Aufsichtspersonen und Prüfer dürfen nicht aus der Lagerverwaltung oder Buchhaltung rekrutiert werden, um Eigeninteresse und Manipulationen bzw. eine zweifelhafte Selbstkontrolle auszuschließen. Üblicherweise werden in vielen Unternehmen als Inventurhelfer eigens Aushilfskräfte herangezogen und in die Aufnahme eingewiesen. Die Aufnahmepersonen müssen wissen, in welcher Reihenfolge sie die Vorräte in ihren Bereichen aufnehmen sollen und welche Bereichsgrenzen zu beachten sind. Dazu ist es zweckmäßig, Merkblätter und Ausfüllanweisungen auszugeben (Kopiervorlagen: Merkblatt für Inventuraushilfen und Ausfüllanweisung).

6. Zur Vorbereitung gehört auch die Erstellung von Aufnahmelisten, auf denen bereits die Artikelnummer, die Artikelbezeichnung und die artübliche Dimension (Stück, Kilogramm, Meter usw.) vorgedruckt sind. Sie sollen darüber hinaus Felder enthalten, in denen Datum und Zeitraum der Aufnahme, der Aufnahmebereich und Angaben über Beschaffenheit, Fremdeigentum u.Ä. festgehalten werden können. Insofern Ihre EDV diese Aufnahmelisten nicht erstellt, müssen Formular-Aufnahmebelege (siehe Kopiervorlage) verwendet werden, in denen obige Angaben handschriftlich festgehalten werden. Die Mengenerfassung der Vorräte geschieht durch Einträge auf Aufnahmevordrucken oder zunächst mit Geräten der mobilen Datenerfassung. Die durch Tastatureingabe, Lichtstifte oder Scanner erfassten Daten sind als ausgedruckte Inventurlisten auszuwerten und von den Aufnehmenden abzuzeichnen. Handschriftliche Einträge müssen mit Kugelschreiber o.Ä. auf nummerierten und von der Aufnahmeperson quittierten Aufnahmevordrucken gemacht werden. Unrichtige Einträge sind so zu streichen, dass sie noch lesbar bleiben. Vermerkt wird das Datum der Aufnahme, ggf. Ansager und Aufschreiber sowie der Prüfer. Große Mengen werden auf Zählzettel vorgeschrieben.

7. Bis zum Beginn der Inventur sind die Lager aufzuräumen und die Bestände übersichtlich zu ordnen, sowie gleiche Gegenstände zusammenzulegen. Fremde Vorräte, minderwertige, überzählige, unentgeltlich erworbene Bestände sollen getrennt aufgestellt und entsprechend gekennzeichnet sein.

8. Wenn ein Aufnahmebereich vollständig aufgenommen ist, kann die Prüfung beginnen (Kopiervorlage: Merkblatt zu wesentlichen Fehlerquellen). Gewöhnlich ist die stichprobenweise Nachzählung jeder zehnten Position ausreichend. Nur bei ungewöhnlichen Größen, z.B. Zählung der Paare anstelle der Stückzahl oder an den Bereichsgrenzen, ist besondere Vorsicht geboten. Schließlich wird der Abschluss der Prüfung an den Inventurleiter gemeldet, der die aufgenommenen und nunmehr geprüften Bereiche freigibt. Die Aufschreiber haben sämtliche ausgefüllten oder leeren Aufnahmebelege abzugeben.

Festlegen der Inventurbereiche und Regalbelegungsplan

Es ist ein Regalbelegungsplan einschließlich Werbeplatzierung zu erstellen, in dem die einzelnen Aufnahmebereiche und Aufnahmefelder ersichtlich sind, um Doppelzählungen und Unterlassungen zu vermeiden.
Legen Sie Aufnahme-Nummer-Kreise fest.
Soweit sinnvoll, sind die folgenden Aufnahmebereiche festzulegen:

- Lager
- Verkehrsflächen/Verkaufsräume
- Produktionsräume
- Auslieferungslager der Lieferanten
- Auslieferungslager an Kunden
- Kommissionsware
- Unterwegsware und sonstige Gegenstände

Personalplan

Der Inventurleiter erstellt einen Personalbedarfsplan.

Am Inventurtag ist namentlich festzulegen (da ggf. Krankmeldungen vorliegen könnten)

- Schreiber
- Zähler
- Kontrolleure: Ausgabe - Rücklaufkontrolleure der Belege

Der Grundsatz, je Aufnahmeteam ein eigener Mitarbeiter, sollte eingehalten werden.

Folglich kann die Zahl der Aushilfen nicht über der Zahl der eigenen Mitarbeiter liegen.

Spätestens bis 14 Tage vor dem Inventurstichtag ist zu prüfen, ob die Inventur personell gesichert ist, bzw. wie viel Inventurpersonal noch benötigt wird.

Grundsatz: Lieber zu viel gemeldete Inventuraushilfen, als zu wenig (Krankmeldungen berücksichtigen).

Aufnahmeplan

Jedem Aufnahmeort wird ein verantwortliches Aufnahmeteam und ein Kontrolleur, soweit möglich namentlich zugeordnet

Bei der Zuordnung ist zu beachten:

1. Je Aufnahmeteam ein eigener Mitarbeiter
2. Weder Aufnahmeteam noch Kontrolleur sollten im normalen Geschäftsbetrieb für den Aufnahmeort verantwortlich sein (soweit personell durchführbar)

Diese Tätigkeiten sind im Inventurprotokoll zu dokumentieren.

Vor Beginn der Inventur sind Zähler und Schreiber für die einzelnen Inventurbereiche namentlich zu benennen.

Bei der Zusammenstellung der Teams ist darauf zu achten, dass die Mitarbeiter persönlich und fachlich geeignet sind. Ein Aufnahmeteam sollte möglichst nicht nur aus externen Mitarbeitern zusammengestellt werden.

Mehrere Inventurbereiche sind zu Gruppen zusammenzufassen, für die eine Inventuraufsicht namentlich zu bestimmen ist. Die Inventuraufsicht ist für die Klärung von Zweifelsfragen bei der Durchführung, für Klärung von Differenzen, sowie für die Stichprobenkontrolle zuständig.

Schulung des Personals

- Umfassende und ausführliche Schulung durchführen
- Die Schulung ist vom durchzuführenden und teilnehmenden Personal zu quittieren
- Diese Tätigkeit im Inventurprotokoll dokumentieren

Etwa 1 bis 2 Wochen vor dem Inventurstichtag ist das Inventurpersonal umfassend und ausführlich zu schulen. Der Umfang der Schulung ist abhängig von der Aufgabenstellung des jeweiligen Mitarbeiters. Dementsprechend hat die Schulung des Inventuraufsichtspersonals die gesamte Inventuranweisung zum Gegenstand. Entsprechende Unterlagen sind auszuhändigen und vom Empfänger zu quittieren.

Zähler und Schreiber brauchen nur im Hinblick auf die Tätigkeiten während der Inventur geschult zu werden. Bei Ausfertigung entsprechender Unterlagen mit Musterbeispielen reicht auch die Aushändigung dieser Unterlagen gegen Quittung 1 bis 2 Wochen vor dem Inventurtermin.

Die zweite Schulung findet unmittelbar vor Beginn der Inventur im Rahmen einer Einweisung statt.

Zeitliche Planung

Die gesamte Inventur ist durch die Inventurleitung zeitlich zu planen. In dem Zeitraum sind alle Tätigkeiten im Zusammenhang mit der Inventur aufzunehmen, angefangen mit der Beschaffung der Unterlagen.

Der Zeitplan ist schriftlich zu fixieren und den Verantwortlichen zu übergeben.

Der Inventurleiter sorgt dafür, dass die benötigten Belegarten vorhanden sind. Er sorgt außerdem dafür, dass:

- Aufnahmebelege fortlaufend nummeriert sind
- ihre Vollständigkeit vor und nach der Inventur geprüft wird
- diese Tätigkeiten im Inventurprotokoll dokumentiert sind

Aufnahmebeleg und Aufnahmelisten

Zur Vorbereitung gehört auch die Erstellung von Aufnahmelisten, auf denen bereits die Artikelnummer, die Artikelbezeichnung und die artübliche Dimension (Stück, Kilogramm, Meter usw.) vorgedruckt sind. Sie sollen darüber hinaus Felder enthalten, in denen das Datum und Zeitraum der Aufnahme, der Aufnahmebereich und Angaben über Beschaffenheit, Alter, Fremdeigentum u. Ä. festgehalten werden können.

Insofern Ihre EDV diese Aufnahmelisten nicht erstellt, müssen Formular-Aufnahmebelege verwendet werden, in denen obige Angaben handschriftlich festgehalten werden. Große Mengen werden auf Zählzettel vorgeschrieben.

Es ist durch den zu benennenden Verantwortlichen dafür zu sorgen, dass alle für die Durchführung der Inventur erforderlichen Unterlagen in ausreichender Menge und rechtzeitig vorliegen. Hierzu gehören:

Lageplan (graphische Darstellung der Lagerplätze), Personalplan, Schulungs- bzw. Informationsunterlagen wie Laufzettel und Merkblatt für Aushilfen, Ausgabe- und Rücklauflisten, Artikellisten, Handzettel, Material zur Abgrenzung der Aufnahmeplätze, Schreibmaterial, Protokolle.

Im Einzelnen ist darauf zu achten, dass ausreichend Vordrucke zum bestimmten Termin vorliegen, dass diese termingerecht, vollständig und richtig bearbeitet und nach Abschluss der Inventur in geordneter Form gesammelt und zur weiteren Bearbeitung übergeben werden.

Soweit erforderlich, sind in ausreichender Stückzahl technische Geräte und Hilfsmittel zu besorgen wie Leitern, Tische, Stühle, Waagen, leere Kisten, Rechenmaschinen, Handscanner, vorbereitete Notebooks u.a.

Wichtig sind nicht zuletzt ausreichend Getränke und Verpflegung für die Aufnahmeteams. Für die Inventuraushilfen sind abgezählte Löhne vorzubereiten, damit nicht am Ende eines langen Inventurtages Kleingeld zusammengesucht werden muss.

Terminsetzung

Information über Inventurtermin an Dritte:

- An Konzessionäre
- Lieferanten/Spediteure; letzter Wareneingang vor Inventur durch Plakataushang
- An Kunden, wenn Öffnungszeiten berührt und beeinträchtigt werden

Diese Tätigkeiten sind im Inventurprotokoll zu dokumentieren.
Die rechtzeitige Information der Kunden, Lieferanten und Konzessionäre dient insbesondere der Vermeidung von Missverständnissen und Störungen bei der Inventur.

Abgrenzung

Sämtliche Belege sind vor der Inventur mit „Vor-Inventur“ und 10 Tage danach mit „Nach-Inventur“ zu stempeln. Grundsätzlich darf zwischen dem Inventurstichtag und dem Inventuraufnahmetag keine Ware umgelagert werden.

Für die eindeutige Abgrenzung der Bestände ist ein Abgrenzungsprotokoll zu erstellen.

Das Abgrenzungsprotokoll ist dem Inventurprotokoll beizufügen
Für die Bestandsaufnahme gilt das Prinzip der wirtschaftlichen Zugehörigkeit, nicht die von juristischem Eigentum.

Unter Eigentumsvorbehalt gelieferte und sicherungsübereignete Ware ist somit auch in das Inventar aufzunehmen.

Bestände in Konsignations-, Kommissions- und sonstige Außenlager sind ebenfalls aufzunehmen. Bei wirtschaftlichem Eigentum außer Haus bittet man die Unternehmen, die Werkeigentum im Besitz haben, auch dieses aufzunehmen und zu melden: Stoffe und Waren in Lohnverarbeitung, Einlagerung in Lagerhäuser u.a.

Umsatzabgrenzung

Weicht der Inventuraufnahmetag vom Bilanzstichtag ab, so ist für die Zeit zwischen Inventuraufnahmetag und Bilanzstichtag der erwirtschaftete Umsatz aufzuzeichnen.

Dabei sollen, soweit vom Kassensystem möglich, die Umsätze nach Warengruppen getrennt für die Buchhaltung bzw. Kosten- und Leistungsrechnung ermittelt werden.

Vorbereitung des Lagers, Verkaufsraumes, der Ware

In den Aufnahmebereichen ist für Ordnung zu sorgen:

1. Bestände ordentlich stapeln, damit sie eindeutig voneinander unterschieden werden können
2. Nicht verkaufsfähige Waren aussortieren und extra stellen. Über Verwendung, d.h. Retoure, Umtausch, Vernichtung, entscheidet der Inventurleiter.

- Sauberkeit gewährleisten
- Aufnahmeorte mit ihren zugeordneten Nummern kennzeichnen
- Überprüfen, ob Waren richtig und vollständig gekennzeichnet sind
- Nach Abschluss der Arbeiten nochmalige Kontrolle der Aufnahmeplätze auf Ordnung, Sauberkeit und richtiger Kennzeichnung der Waren
- Diese Tätigkeiten im Inventurprotokoll dokumentieren

Lager und Handlager

Es ist besonders darauf zu achten:

- Aufnahme und Kontrolle muss spätestens 4 Stunden vor Beginn der Hauptinventur durchgeführt sein

- Ab erfolgter Aufnahme und Kontrolle müssen die Aufnahmebereiche verschlossen bzw. die Ware gegen Entnahme gesichert sein

Unmittelbar vor Durchführung der Inventur ist dafür zu sorgen, dass die Aufnahmebereiche übersichtlich geordnet und sauber sind, und sich keine Ware außerhalb der durch Raum- und Lagerverzeichnis gekennzeichneten Bereiche befindet. Diese Anforderungen sind durch folgende Maßnahmen zu gewährleisten:

- Sämtliche Aufnahmebereiche sind zu überprüfen, dass sie nur die Ware enthalten, die laut Auszeichnung hierher gehört. Fehlerhaft einsortierte Ware ist umzusortieren

- Innerhalb des Aufnahmebereiches sind gleiche Artikel zusammenhängend zu sortieren, ordentlich zu stapeln und eindeutig von anderen Artikeln zu trennen

- Soweit eine Regalreihe zu verschiedenen Aufnahmebereichen gehört, ist dies durch die Inventurleitung/Inventuraufsicht mittels geeigneter Hilfsmittel ausreichend deutlich zu machen. Die einzelnen Aufnahmebereiche sind entsprechend dem Raum- und Lagerverzeichnis eindeutig zu bezeichnen

- Die Waren sind durch die Inventuraufsicht auf korrekte Kennzeichnung hin zu überprüfen. Fehler sind vor Aufnahme zu korrigieren

- Beschädigte und verdorbene Ware bzw. Ware mit abgelaufenem Verfallsdatum und ungenügender Restlaufzeit bis zum Verfallsdatum sind gleichfalls auszusortieren. Sie ist getrennt von der regulären Ware aufzunehmen. Über deren Bewertung entscheidet die Inventuraufsicht nach Absprache mit dem Inventurleiter

Bei Retoure/Umtausch	= Ware aufnehmen
Bei Vernichtung	= Ware nicht aufnehmen

Grundsätze der Inventuraufnahme

Um eine richtige, vollständige und nachvollziehbare Inventur zu gewährleisten, ist folgendes zu beachten:

1. Sämtliche Aufzeichnungen sind mit Kugelschreiber bzw. Filzstift zu tätigen, Bleistifte sind nicht zulässig; um bei abweichenden Ergebnissen der Zählung nachvollziehen zu können, welches Ergebnis von wem als richtig anerkannt wurde, empfiehlt sich die Verwendung verschiedener Farben.

2. Falsche Eintragungen sind zu streichen, das Korrigierte muss lesbar bleiben; die Korrektur muss in die Nebenspalte, wenn dies nicht möglich, eine Spalte tiefer geschrieben werden.

3. Aufnahmeteams und Kontrolleure müssen in ihren Tätigkeiten die aufzunehmenden bzw. zu kontrollierenden Artikel vollständig überblicken können; dafür sind Hilfsmittel (Leitern, Stapler, Schreibunterlagen, Sitzmöglichkeiten) einzusetzen.

4. Während der gesamten Inventuraufnahme sind Warenbewegungen nicht zulässig.

5. Auf beschriebenen Belegen werden nicht genutzte Zeilen und Spalten vor Rückgabe durchgestrichen.

6. Die genutzten Unterlagen sind durch den Zähler und Schreiber mit Datum und Unterschrift zu versehen.

7. Aktionsware (sowohl Warenbestände bei denen die Aktion am Inventurtag endet, als auch Warenbestände, bei denen die Aktion über den Inventurtag hinaus weiterläuft) ist mit dem Normalverkaufspreis aufzunehmen. Bei Aktionen, die über den Inventurtag hinaus weiterlaufen, sind die Werbeabschriften nach Vor- und Nach-Inventur zu trennen.

Einweisung des Personals

Kurze, stichpunktartige Einweisung über:

- Zusammensetzung der Aufnahmeteams, Inventuraufsicht und der Funktion, Zuordnung zu einzelnen Aufnahmeorten

- Laufzettel der Aushilfen ausfüllen: Anmeldung, Pausen, Abmeldung, Arbeitseinsatz

- Tätigkeiten dokumentieren

Ausgabe der Belege

- Rücklauf-Kontrolliste Empfänger (Schreiber) eintragen
- Schreiber erhält Belege und Ausfüllanweisung
- Schreiber quittiert die Vollständigkeit
- Tätigkeit in Inventurprotokoll dokumentieren

Aufnahme der Warenbestände

1. Aufgenommen wird der gesamte Warenbestand. Verdorbene Ware (Ware mit abgelaufenem Verfallsdatum) wird auf gesonderte Aufnahmeblätter notiert.

2. Die Mengenerfassung der Vorräte geschieht auch mit Geräten der mobilen Datenerfassung. Die durch Tastatureingabe, Lichtstifte oder Scanner erfassten Daten sind als ausgedruckte Inventurlisten auszuwerten und von den Aufnehmenden abzuzeichnen. Auch hier sind handschriftliche Einträge mit Kugelschreiber o. Ä. auf nummerierten und von der Aufnahmeperson quittierten Aufnahmevordrucken zu machen. Unrichtige Einträge sind so zu streichen, dass sie noch lesbar bleiben. Vermerkt wird das Datum der Aufnahme, ggf. Ansager (Zähler) und Aufschreiber sowie der Prüfer.

3. Die Zählung erfolgt zunächst von links nach rechts auf einer Ebene, danach eine Ebene tiefer und wieder von links nach rechts.

4. Zähler gibt an: Artikelbezeichnung, Warengruppen-Nummer, Alter, Menge, Preis.

5. Schreiber übernimmt Angaben.

6. Aufgenommene Ware wird durch Zähler gekennzeichnet.

7. Ist der Aufnahmebereich abgearbeitet, wird die Kennzeichnung des Bereiches durch Schreiber durchgestrichen.

8. Der nächste Aufnahmebereich wird aufgenommen.

9. Artikel, die sich in mehreren Aufnahmebereichen befinden werden im jeweiligen Aufnahmebereich aufgenommen; eine bereichsübergreifende Aufnahme der Artikel ist nicht zulässig.

10. Ist eine Aufnahme durch Messen oder Wiegen notwendig und muss dabei gerundet werden, gilt:

von 1-4 abrunden
von 5-9 aufrunden

11. In Gegenwart des Zählers und Schreibers erfolgt eine Kontrolle bzgl. Vollständigkeit und Lesbarkeit.

12. Wertmindernde Faktoren werden in der dafür vorgesehenen Spalte vom zuständigen Abteilungsleiter unter Berücksichtigung von

- Mode
- technischem Stand
- Alter und Beschaffenheit
- Gängigkeit und Ladenhüter

je nach fachmännischer Einschätzung vorgenommen.

Die genaue Abgrenzung und Differenzierung einzelner Warengruppen ermöglicht eventuell erhebliche Bewertungsabschläge und damit Steuerersparnisse.

Rücklauf der Inventurbelege

Nach Beendigung der Inventuraufnahme gibt der Empfänger der Inventurunterlagen die empfangenen Belege vollständig und unterschrieben zurück.

Inventurleiter prüft:

- Vollständigkeit der zurückgegebenen Belege.
- Richtige und vollständige Eintragungen.
- Vorhandensein der notwendigen Unterschriften.
- Anzahl der beschriebenen und unbeschriebenen Belege.

- Vollständigkeit der Aufnahme aller Aufnahmeorte anhand der aufgenommenen Aufnahmebereichsnummern und dem Aufnahmeplan

Auf den Rücklaufkontrollisten sind die Tätigkeiten zu quittieren.

Kontrollen

1. Kontrollen durch Inventurleiter, ob alle Aufnahmeorte erfasst sind (durch Rundgang und Nachprüfung, dass alle Aufnahmebereichsnummern durchgestrichen sind).

2. Stichproben durch Inventuraufsichten. Stichproben sind in repräsentativer Anzahl vom Kontrolleur nach dem Zufallsprinzip selbst zu treffen. Als Regelmaß kann das Verhältnis 10:1 gelten. Je nach Qualität der Aufnahme kann die Stichprobenquote nach oben hin verändert werden. Stichproben in Rot auf Belegrückseite notieren.

3. Nachkontrollen werden durchgeführt, wenn die Stichproben eine hohe Fehlerquote aufgezeigt haben (mindestens 20 % der Stichprobenkontrollen) und wenn es sich um Palettenplatzierungen handelt (große Mengen).

4. Dokumentation der Kontrollen direkt auf den Aufnahmebelegen.

Freigabe

Die Freigabe erfolgt nach:

- Vollständigem Rücklauf der Inventurbelege
- Durchführung der Kontrollen
- Abschluss evtl. erforderlicher Neuzählungen

Abschlussarbeiten

Nach vollständigem Rücklauf aller Inventurbelege und Abheften im Ordner, werden die Blätter mit einer fortlaufenden Nummer gestempelt.

Wenn mehr als eine Rücklaufstelle eingerichtet wird, sind die freibleibenden Nummern zu protokollieren.

Die Seitenzahlen der einzelnen Bereiche sind in einer Liste „Inventurzusammenstellung" einzutragen. Die Inventurzusammenstellung ist als oberstes Blatt im Ordner abzuheften.

Sämtliche Inventurunterlagen (Zusammenstellungen, Pläne, Protokolle, Aufnahmebelege, Listen, Zettel usw.) sind im Hinblick auf ihre Vollständigkeit und Richtigkeit zu prüfen.

Die Belege sind zusammenzufassen, zu addieren oder ggf. in die EDV einzugeben.

Aufbewahrungsfristen

Gesetzlich gefordert ist eine zehnjährige Aufbewahrung von: Aufnahmebelegen, anzufertigenden Protokollen und den Inventaren, da sie als Handelsbücher gelten. Inventuranweisungen und Inventurkalender sind lediglich sechs Jahre aufzubewahren.

Die Finanzämter haben immer wieder gerne auch die Vorlage von vernichteten "Uraufzeichnungen" eingefordert, d.h. Vorschreibzettel, Schmierblätter und dergleichen. Der BFH meint dazu in seinem Urteil vom 24.11.1971 - I R 141/68: .

> *Es hieße die Anforderungen an eine ordnungsmäßige Inventur überspannen, lediglich für Kontrollzwecke zu verlangen, dass Uraufzeichnungen angefertigt und aufbewahrt werden. ... Zumutbar ist es indessen, dass die (aufzubewahrenden) Aufnahmelisten, sofern in einem solchen Ausnahmefall keine Uraufzeichnungen vorhanden sind, mit der Angabe des Tages der Bestandsaufnahme und mit den Unterschriften derjenigen Personen versehen werden, welche die Originalaufnahme durchgeführt haben. Diese Aufzeichnungen sind dann wie Handelsbücher aufzubewahren.*

Bewertungsmethoden für den Warenbestand

Mit der Inventur ist lediglich das Mengengerüst der Vorräte aufgestellt.

Die Bewertung des Vorratsvermögens ist Teil der Bilanzierung und beziffert den zum Bilanzstichtag realistisch angemessenen Geldwert der Vorräte. Dabei müssen die von Handels- und Steuerrecht vorgegebenen Grundsätze und Bewertungsmaßstäbe beachtet werden. Da Vorräte zum Umlaufvermögen gehören, gilt das Niederstwertprinzip. Handels- und Steuerrecht unterscheiden hinsichtlich der Voraussetzungen und Bewertungsmaßstäben, was die Bewertung des Vorratsvermögens noch weiter verkomplizieren kann. Zu berücksichtigen sind auch eventuell in Frage kommende Abschreibungen oder Zuschreibungen bei der Wertermittlung.

Das Handelsrecht schreibt zwar bezüglich Inventar und Bewertungsvorschriften eine Einzelbewertung vor, jedoch können bei Vorliegen entsprechender Voraussetzungen auch Verfahren von Bewertungsvereinfachungen angewendet werden. Als Ausnahmen von der Einzelbewertung sind zunächst nur solche Fälle zugelassen, in denen die Wertermittlung tatsächlich unmöglich oder aber wirtschaftlich zu aufwändig ist. Darüber hinaus hat der Gesetzgeber in speziellen Bewertungsverfahren geregelt, wie von der Einzelbewertung abgewichen werden kann.

Wenn diese Verfahren auch in sich nicht einfach sein mögen, so können sie doch die eigentliche Vorratsbewertung erleichtern und den Arbeitsaufwand reduzieren.

Beachten Sie aber für alle Bewertungsverfahren stets den Wiederbeschaffungspreis am Bilanzstichtag. Bei der Bewertung des Umlaufvermögens gilt das strenge Niederstwertprinzip.

> *Danach ist der niedrigere beizulegende Wert anzusetzen, der sich aus Anschaffungskosten, Markt- oder Börsenpreis ergibt.*

Wenn also der Wiederbeschaffungspreis am Stichtag niedriger ist als der von Ihnen nach welcher Methode auch immer ermittelte Preis, so war Ihre Berechnung vergeblich. Als Inventar- und Bilanzwert ist in jedem Fall der niedrigere Wert anzusetzen.

Niederstwert

Von zwei Wertansätzen, dem Anschaffungs- bzw. Herstellungswert und dem am Bilanzstichtag gültigen Tageswert (Markt-, Börsenwert) ist bei der Bilanzierung jeweils der niedrigere zu wählen (§ 253, Abs.4 HGB, § 5, Satz 1 EStG, Abs. 1§ 6 Abs.1, Nr. 2 EStG). Ist kein Stichtagswert festzustellen, so wird der Wert anhand von Wiederbeschaffungs- bzw. Wiederherstellungskosten oder Verkaufswert am Stichtag zugrunde gelegt. Damit will der Gesetzgeber einer größtmöglichen Sicherheit im Sinne des Gläubigerschutzes und der Ausschaltung von eventuellen Spekulationsbewertungen Rechnung tragen. Die Bewertung nach dem Niederstwertprinzip hat jedoch zur Folge, dass nicht realisierte Gewinne nicht ausgewiesen werden, Verluste jedoch vor der Realisierung in Erscheinung treten. Die Bildung stiller Rücklagen könnte dann die Folge sein.

Ermittlung des Markt-/Börsenwertes

Je nachdem, von welcher Sicht (Wiederbeschaffungs- bzw. Herstellungskosten oder Absatzpreis) der zu ermittelnde Tageswert (Teilwert) des Vorratsgutes betrachtet wird, kann sich eine unterschiedliche Höhe des Wertes ergeben.

In der Handelsbilanz sind folgende Ansatzpunkte möglich:

Vorratsgüter	Bewertungsgrundlage
Normalbestände von Roh-, Hilfs- und Betriebsstoffen	Anschaffungs- bzw. Herstellungskosten (Wiederbeschaffungs- bzw. Wiederherstellungskosten)
Überbestände von Roh-, Hilfs- und Betriebsstoffen	Geschätzter Verkaufspreis auf dem Absatzmarkt
Normalbestände von fremdbeziehbaren fertigen und unfertigen Erzeugnisse	Anschaffungs- bzw. Herstellungskosten (Wiederbeschaffungsskosten)
Normalbestände von nicht fremdbeziehbaren fertigen und unfertigen Erzeugnisse	Geschätzter Verkaufspreis auf dem Absatzmarkt
Alle Überbestände an fertigen und unfertigen Erzeugnissen und Handelswaren	Der niedrigste Wert aus dem Vergleich von Anschaffungs-/Herstellungskosten und Verkaufspreis

Teilwertabschreibungen

Kaufleute dürfen keinen niedrigen Wert einfach beibehalten, auf den sie in der Vergangenheit abgeschrieben haben.

Das Steuerbilanzrecht sieht die Wertaufholung vor, wenn der frühere Grund zur Abschreibung wegfiel. Entscheidend für die Bewertung ist der sogenannte Teilwert:

Ausgehend von den Anschaffungs- bzw. Herstellungskosten würde ein fiktiver Erwerber des Unternehmens nur die Wiederbeschaffungs- bzw. Wiederherstellungskosten vergüten (BFH, Urteil v. 09.11.1994, I R 68/92, BStBL 1995 II S. 336). § 6 Abs. 1 Nr. 2 EStG sieht die Teilwertabschreibung nur unter der Voraussetzung einer voraussichtlich dauernden Wertminderung vor. Der Steuerpflichtige hat für die begründeten Umstände einer Teilwertabschreibung eine Nachweispflicht. Er muss die Voraussetzungen für eine Bewertung mit dem niedrigeren Teilwert darlegen und seine Beurteilung anhand betrieblicher Unterlagen belegen. Dazu muss er ausreichende und repräsentative Aufzeichnungen über die tatsächlichen Preisherabsetzungen auf die Waren führen.

Auch das Fortbestehen der Wertminderung muss der Unternehmer jedes Jahr nachweisen. Zudem ist i.R. des Wertaufholungsgebots nachzuweisen, in welchem Umfang der Teilwert weiterhin unter der Beratungsgrenze liegt (§ 6 Abs. 1 Nr. 2 Satz 3 EStG i.V.m. § 6 Abs. 1 Nr. 1 Satz 4 EStG, BMF, Schreiben vom 25.02.2000 IV C 2 - S 2171b - 14/00, BStBl I 2000, 372) .
Richtlinie 6.3 Abs. 2 EStR ermittelt den Teilwert als Verkaufserlös, gekürzt um den Rohgewinnaufschlag:

$$\text{Teilwert X} = \frac{\text{Verkaufserlös Z}}{\text{1+Gewinnaufschlag Y\%}}$$

Z.B. beträgt bei einem Verkaufserlös von 100 Euro und einem Rohgewinnaufschlagsatz von 150% der Teilwert 40 Euro.

Beim Rohgewinnaufschlagsatz werden der betriebliche Aufwand und der durchschnittliche Unternehmergewinn zum Wareneinsatz in Beziehung gesetzt.

Verlustermittlung

Die Ermittlung der Höhe des Verlustes erfolgt durch die Gegenüberstellung von Anschaffungs- und Herstellungskosten (bzw. Wiederbeschaffungs- und Wiederherstellungskosten) und dem Buchwert. Die anzulegenden Grundsätze bezüglich der Wiederbeschaffungskosten sind in Handelsbilanzrecht und Steuerbilanzrecht nahezu identisch.

Bei den Wiederherstellungskosten wird im Handelsrecht und Steuerbilanzrecht ab 2010 nur auf Vollkostenbasis abgestellt. Alle aktivierungsfähigen Kostenminderungen und -erhöhungen sind zu berücksichtigen, auch bereits entstandene Nebenkosten für Vertrieb, Transport, Lagerung und Verpackung (BFH, Urteil v. 04.10.1989, II R 72/86; BFH Urteil v. 17.05.1974, III R 50/73). Die Differenz daraus ergibt den beizulegenden Wert.

Beizulegender Wert	Auswirkung
Größer als Buchwert (oder gleich)	Ohne bilanzielle Folgen
Kleiner als Buchwert	Niederstwertabschreibung

Verkaufswert

Anhand einer verlustfreien Bewertung wird ein Verkaufswert bestimmt. Ausgehend vom ausgezeichneten oder erwarteten/geschätzten Verkaufspreis sind alle vorhersehbar bis zur Veräußerung des Vorratsgutes anfallenden Kostenminderungen und Erlösschmälerungen (Skonti, Boni, Rabatte) zu berücksichtigen. Auch Vertriebskosten und Verwaltungskosten sind auf Vollkostenbasis vom mutmaßlichen Erlös abzuziehen. Handelt es sich um unfertige Erzeugnisse, so sind zudem die bis zur Fertigstellung zu erwartenden, noch entstehenden Herstellungskosten in Abzug zu bringen.

Hinsichtlich von künftigen Lagerkosten bestehen unterschiedliche Rechtsprechungen. Es ist jedoch möglich, retrograd den Teilwert durch Abzug des durchschnittlichen Rohgewinnaufschlages zu ermitteln. Darin sind die durchschnittlich bis zum Verkauf entstehenden Kosten für Lagerhaltung des Vorratsgutes enthalten (BFH Urteil v. 27.1983, IV R 143/80). Das Steuerrecht definiert künftige Zinskosten und einen aus der Kapitalbindung entstehenden Zinsverlust als allgemeine Betriebskosten und erkennt sie beim Verkaufswert nicht als abzugsfähig an.

Umgekehrt gestattet im Gegensatz zum Handelsbilanzrecht das Steuerbilanzrecht den Abzug eines durchschnittlichen Unternehmergewinnes für diejenigen Vorratsgüter, welche üblicherweise auch mit Gewinn veräußert werden.

Bewertungswahlrecht:

Liegt der steuerliche Teilwert unter dem handelsrechtlich beizulegenden Wert, so sind in der Handelsbilanz ab 2010 die steuerlichen Werte nicht mehr anzusetzen. Die bis dahin geltende sogenannte „umgekehrte Maßgeblichkeit" (§ 5, Abs. 1, Satz 2 EStG und § 254 HGB, § 279 Abs. 2 HGB der alten Fassung). ist nicht mehr gegeben,

In besonderen Fällen kann es auch zu einem negativen Verkaufswert kommen, wenn z.B. bei langfristigen Fertigungsarbeiten keine Kostendeckung entsteht (Erlös deckt nicht mehr Aufwand). Das Handelsbilanzrecht sieht hierfür eine Abschreibung auf Null und eine Rückstellungsbildung für einen über den Abschreibungsbetrag hinausgehenden Betrag (Verlust) vor – im Steuerrecht allerdings nicht zulässig (§ 5 Abs. 4 a EStG).

Achtung:

Berücksichtigen Sie die evt. unterschiedlichen Verkaufspreise bei unterschiedlichen Vertriebswegen (z.B. Angebot über Sortimentskatalog und Sonderaktionen, usw.).

Gängigkeitsklassen

Um Wertminderungen in vereinfachter, pauschaler Form zu erfassen, werden die zu bewertenden Vorratsgüter in so genannte Gängigkeitsklassen eingeteilt. Damit kann die Häufigkeit des Umschlags oder auch Lagerdauer von Vorratsgütern in der Teilwertermittlung berücksichtigt werden. So kann die Feststellung einer geringen Umschlagshäufigkeit eines Vorratsgutes und damit verbundenen längeren Lagerdauer auf Fehldisposition schließen lassen. Eventuell könnte es notwendig sein, deutliche Preisabschläge machen zu müssen, um überhaupt noch einen Erlös zu erzielen. Auch Veralterung oder auch altersbedingte Qualitätsminderungen können zu Preisabschlägen zwingen, wenn nicht sogar das Vorratsgut als unverkäuflich auszusortieren ist. Auch zur Abgrenzung von Überbeständen ist es dienlich, solche Gängigkeitsklassen zu bilden. (BFH, Urteile vom 03.10.1963 IV 214 / 61 U, BStBl III 1964, 7; vom 05.05.1966 IV 252 / 60, BStBl III 1966, 370)

Ein Gängigkeitsabschlag ist zulässig bei

- fehlender Ausverkaufsmöglichkeit nach Aufgabe der Vertretung
- mangelnder Kundentreue
- Modevielfalt

(FG Saarland, Urteil vom 14.12.1989 2 K 285 - 288 / 82, EFG 1990, 346)

Für die Steuerbilanz ist bei einer aus diesen Gründen erforderlichen Teilwertabschreibung nachzuweisen, dass der Teilwert auch wirklich in jedem einzelnen Fall unter den Selbstkosten liegt bzw. wertmindernde Umstände wie Veralterung, Qualitätsminderung, Beschädigung u.a. vorliegen (OFD Frankfurt, Verfügung v. 17.07.1997).

Beispiel:

Auto-Becker hat noch Ersatzteile von Auslauf- und Vorläufermodellen auf Lager. Wegen der Kosten einer erfahrungsmäßig um das dreifache höheren Lagerdauer wird ein Abschlag von 20.000 EURO auf den Warenwert vorgenommen.

Allein eine längere Lagerdauer oder mangelnde Gängigkeit eines Vorratsgutes reichen für eine Teilwertabschreibung jedoch nicht aus, solange die Waren zu den ursprünglichen oder erhöhten Preisen angeboten und verkauft werden, es sei denn, dass nach den betrieblichen Gegebenheiten auch ohne bereits erfolgte Preisherabsetzungen auf eine geminderte oder ganz entfallende Absatzmöglichkeit geschlossen werden kann.

Das ist beim Handel mit Kfz-Ersatzteilen jedoch nicht der Fall. Bei der Einteilung der Waren nach der Umschlagshäufigkeit kommt auch für die Waren der Gruppe mit geringerer Gängigkeit, die höhere Selbstkosten als die Waren mit besserer Gängigkeit verursachen, eine Teilwertabschreibung nur insoweit in Betracht, als dargelegt oder sonst erkennbar wird, dass in den einzelnen Gruppen die Selbstkosten einschließlich der noch zu erwartenden Lagerkosten zuzüglich eines durchschnittlichen Unternehmergewinns durch den zu erwartenden Erlös nicht mehr gedeckt sind (BFH, Urteil vom 24.02.1994 - IV R 18/92).

Pauschale Teilwertabschläge

Die Betriebsprüfungsdateien der Oberfinanzdirektionen Düsseldorf, Köln und Münster sehen für einige Branchen pauschale Abschläge für eine dauernde Wertminderung vor:
Buchhandel: pauschale Abschläge von 60% auf die Verkaufspreise (70% bei Taschenbücher) oder gestaffelt nach Anschaffungsjahr:

Einkauf Vorjahr	50% Abschlag
Einkauf vorletztes Jahr	70% Abschlag
Einkauf vor drei Jahren	90% Abschlag
Einkauf davor	Ausbuchen

Die Abschläge gelten nicht für antiquarische Werke.
Bei Glas- und Porzellan können für Bruchverluste Abschläge von 0,5% bis 3,0% berücksichtigt werden.
Im Musikalienhandel gelten für aktuell modische Tonträger und Noten Abschläge von:

Einkauf Vorjahr	40% Abschlag
Einkauf vorletztes Jahr	65% Abschlag
Einkauf davor	80% Abschlag

Einzelbewertung

Vermögensgegenstände sind zum Abschlussstichtag nach Handelsrecht grundsätzlich einzeln und isoliert von einander zu bewerten (§ 240 Abs. 1, § 252 Abs. 1 Nr. 3 HGB). Wesentlicher Zweck dieser Vorschrift liegt darin, die Saldierung der Einzelwerte zu verhindern. Bei einer Gruppe von Gegenständen werden dadurch möglicherweise große Wertunterschiede aufgedeckt und Risiken transparent gemacht. Für die Bewertung sind die objektiven Verhältnisse zum Stichtag maßgeblich, auch wenn sie erst später bekannt werden.

Beispiel:

Brennt das Außenlager infolge einer vorwitzigen Silvesterrakete bereits vor Mitternacht teilweise aus, reduziert sich der Warenbestand zum 31.12. mengenmäßig um die vernichteten Vorräte und darüber hinaus um den Wert der Beschädigung bei den geretteten Gütern. Dieser Umstand fließt auch dann in das Inventar ein, wenn der Unternehmer davon erst nach einem ausgedehnten Skiurlaub davon erfährt. Handelt es sich bei der Rakete aber um einen Spätzünder im neuen Jahr, so hat dieses missliche Ereignis keinen Einfluss auf Menge und Wert der Vorräte zum 31.12 gegen 24 Uhr (ggf. ist ein solcher Umstand aber im Jahresabschluss zu erläutern).

Die Einzelbewertung eines Wirtschaftsgutes beruht auf den Anschaffungs- oder Herstellungskosten dieses Wirtschaftsgutes. Zu den Anschaffungskosten gehören alle Aufwendungen, um es zu erwerben und es in einen betriebsbereiten Zustand zu versetzen, also auch der Transport und die Kosten der Einlagerung usw. Dies können auch nachträgliche Aufwendungen sein. Skonti und Rabatte mindern die Anschaffungskosten.

Retrograde Methode

Einzelhandelsunternehmen können bei einem großen Verkaufslager und Tausenden von Artikeln nur unter großen Schwierigkeiten ermitteln, aus welchen Lieferungen die noch vorhandenen Bestände stammen. Solche Kaufleute dürfen deshalb die Anschaffungskosten nach dem Verkaufswertverfahren retrograd aus den Nettoverkaufspreisen nach Abzug von Skonti, Boni und Mengenrabatten ermitteln (BFH, Urteil v. 05.06.1985, I R 65/82, BFH/NV 1986 S. 204).

Dabei wird von den ausgezeichneten Preisen jeder Warengruppe der jeweilige Bruttogewinnaufschlag abgezogen, bei reduzierter Ware der verbleibende Verkaufsaufschlag. Unter Bruttogewinnaufschlag versteht man den Prozentsatz, um den der Kaufmann seine Ware teurer verkauft als er sie eingekauft hat. Voraussetzung dieses gesetzlich nicht geregelten, aber steuerlich zulässigen Verfahrens ist jedoch, dass es zu keinen groben Schätzfehlern führt.

Voraussichtlicher Verkaufserlös
./. ggf. Erlösschmälerungen (Skonti, Rabatte und andere Abschläge)
./. ggf. Verpackung und Ausgangsfrachten
./. ggf. Gewinn (im Verhältnis zum Erlös)
= retrograde Anschaffungskosten

Durchschnittsbewertung (Gruppenbewertung)

Als am weitesten verbreitet unter den Bewertungsvereinfachungen gilt die Durchschnittsbewertung. Hierbei dürfen gleichartige Vermögensgegenstände oder - bei Preisschwankungen - auch Wirtschaftsgüter, die nach Maß, Zahl oder Gewicht bestimmt werden (so genannte vertretbare Wirtschaftsgüter) mit ihrem Durchschnittswert angesetzt werden. Gleichartige Vermögensgegenstände gehören z.B.

a.) zur gleichen Warengattung oder
b.) erfüllen gleiche Funktionen,
c.) ohne dass sie sich aber im Wert zu sehr unterscheiden (max. 20% Preisunterschiede zwischen dem niedrigsten und höchsten Preis).

Zulässig ist die Gruppenbewertung z.B. bei

- Unterwäsche in verschiedenen Größen und Farben,
- Furniere verschiedener Holzarten,
- Bretter verschiedener Abmessungen,
- Herrensocken in verschieden Preislagen,
- Geschirr.

Für besonders wertvolle Vorratsgegenstände wie z.B. Schmuck, Pelze oder Teppiche ist eine Gruppenbewertung nicht zulässig. Hier ist die Einzelbewertung zwingend erforderlich.

Gewogener Durchschnitt

Beim einfacheren der hier vorgestellten Verfahren nach dem gewogenen Durchschnitt (§ 240 Abs. 4 HGB, 6.8 Abs. 4 Satz 5 EStR) wird zumindest einmalig zum Jahresabschluss der Durchschnittspreis aus dem Wert des Anfangsbestandes und dem Wert aller Zugänge ermittelt. Diesen durchschnittlichen Wert für eine Einheit (Stück, kg, Liter usw.) multipliziert mit dem mengenmäßigen Endbestand ergibt den Wert des Bestandes zum Stichtag.

Beispiel

	Stück	Preis je Stück	Gesamtpreis
Anfangsbestand 01.01.	200	15 EUR	3.000 EUR
Zugang 10.03.	100	21 EUR	2.100 EUR
Zugang 24.09.	300	17 EUR	5.100 EUR
Zugang 09.12.	200	23 EUR	4.600 EUR
Summe	800		14.800 EUR

Der durchschnittliche Wert des Bestandes pro Stück beträgt 14.800 EUR /800 Stück = 18,50 EUR /Stück.

Der gezählte Endbestand zum 31.12. von 250 Stück hat somit einen Wert von 250 Stück x 18,50 EUR = 4.625 EUR.

Gleitender Durchschnitt

Bei dieser Methode wird bereits nach jedem Zugang ein neuer Durchschnittswert des Bestandes festgestellt und zudem jeder Abgang berücksichtigt. Diese exakteren Werte während des laufenden Jahres erfordern somit einen entsprechend höheren Aufwand. Eine Bewertung nach dem gleitenden Durchschnitt eignet sich daher gut in Verbindung mit der permanenten Inventur, da hier ohnehin die Mengen erfasst werden. Unser obiges Beispiel, um zwei Abgänge erweitert, kommt nun zu einem anderen Inventarwert:

	Stück	**Preis/ Stück EUR**	**Gesamtpreis in EUR**
Anfangsbestand 1.1.	200	15,00	3.000,-
Abgang 2.3.	100	15,00	1.500,-
Zwischenbestand 2.3.	100	15,00	1.500,-
Zugang 10.3.	100	21,00	2.100,-
Zwischenbestand 10.3.	200	18,00	3.600,-
Zugang 24.9.	300	17,00	5.100,-
Zwischenbestand 24.9.	500	17,40	8.700,-
Abgang 29.11.	450	17,40	7.830,-
Zwischenbestand 29.1	150	17,40	870,-
Zugang 09.12.	200	23,00	4.600,-
Endbestand 31.12.	250	21,88	5.470,-

Der Durchschnittspreis nach dem gleitenden Durchschnitt beträgt 21,88 EURO.

Ein Vergleich zu 18,50 EURO/Stück nach dem gewogenen Durchschnitt macht deutlich, dass die zuletzt angeschafften Mengen ein größeres Gewicht bei der nun exakteren Wertfindung haben. Nachteilig jedoch erweist sich bei beiden Rechenmethoden, dass in Zeiten steigender Wiederbeschaffungspreise durch die Wertsteigerung ein Scheingewinn entsteht, der versteuert werden muss. Für unsere Beispiele ergeben sich folgende Werte:

		Scheingewinn
Wert 200 Stück zum 1.1.	3.000,- EUR	
Wert 200 Stück zum 31.12. gewogener D.	3.700,- EUR	700,- EUR
Wert 200 Stück zum 31.12. gleitender D	4.376,- EUR	1.376,- EUR

Bei steigenden Wiederbeschaffungspreisen fahren Sie steuerlich am besten, wenn Sie das Verfahren mit dem einfachen, gewogenen Durchschnittswert wählen. Damit halten Sie die Wertsteigerung Ihres Bestandes und den zu versteuernden Scheingewinn niedrig.

Verbrauchsfolgeverfahren

Wird bei der Durchschnittsbewertung vorausgesetzt, dass die einzelnen Gegenstände aus dem Lager in eher zufälliger Reihenfolge wieder entnommen werden, so unterstellt man bei den zeitlichen Verbrauchsfolgeverfahren eine zeitliche Abfolge bei den Ausgängen. Bei dem so genannten wertmäßigen Verbrauchsfolgeverfahren geht man hingegen von einem Verbrauch (z.B. durch Abverkauf) aus, der nach dem Wert der Vorräte geregelt ist.

Methode	Handelsbilanz	Steuerbilanz	Situation	Bewertung
Lifo-Verfahren (last in, first out)	ja	ja	Die zuletzt angeschafften Vorratsgüter werden zuerst verbraucht.	Die verbliebenen Vorräte werden nach den Preisen der zuerst angeschafften angesetzt.
Fifo-Verfahren (first in, first out)	ja	nein	Die zuerst angeschafften Vorratsgüter wurden auch zuerst verbraucht.	Die Bewertung erfolgt nach den Anschaffungs- bzw. Herstellungskosten der zuletzt gekauften Vorräte.

Durch das BilMoG sind die nachfolgenden Verfahren auch nach Handelsrecht ab 2010 nicht mehrzulässig:				
Hifo-Verfahren (highest in, first out)	Nein	nein	Die zu den höchsten Preisen angeschafften Vorratsgüter wurden zuerst verkauft.	Die verbliebenen Vorräte werden dann mit den niedrigsten Preisen angesetzt.
Lofo-Verfahren (lowest in, first out)	nein	nein	Die zu den niedrigsten Preisen angeschafften Vorratsgüter wurden zuerst verkauft.	Die verbliebenen Vorräte werden dann mit den teuersten Preisen angesetzt.

Lifo-Verfahren

Die zuletzt zugegangenen, gleichartigen Gegenstände werden zuerst wieder dem Lager entnommen. Dieser Grundsatz kommt in der Verbrauchsfolge „Last in – first out" zum Ausdruck, die im Handelsrecht schon länger angewendet werden durfte, nach dem Steuerrecht hingegen erst ab 1990 allgemein zulässig ist. Ob nun ein eiserner Bestand tatsächlich unangetastet gelagert wird oder eine andere Verbrauchsfolge praktiziert wird, bleibt unerheblich, sofern nur die Grundsätze ordnungsmäßiger Buchführung beachtet werden. Allerdings darf die Reihenfolge der Entnahme nach Lifo nicht widersinnig sein wie z. B. bei verderblicher Ware.

Periodisches Lifo-Verfahren	Einmalige Ermittlung am Jahresende
Permanentes Lifo-Verfahren	Jeder Warenzu- und -abgang wird ermittelt

Der große Vorteil der Lifo-Methode gegenüber sämtlichen Durchschnittsverfahren liegt darin, dass bei steigenden Preisen keine Scheingewinne auftreten (und deshalb nicht zu versteuern sind) und außerdem stille Reserven aufgebaut werden können, die den Substanzerhalt des Unternehmens mit sichern helfen.

Die Anwendung des Lifo-Verfahrens steht dem Unternehmer frei. Will er jedoch in nachfolgenden Wirtschaftsjahren vom Verbrauchsfolgeverfahren wieder Abstand nehmen, so muss er sich das vom Finanzamt genehmigen lassen. Auf diese Weise sollen Manipulationen beim Methodenwechsel ausgeschlossen sein.

Die Bewertung gleichartiger Gegenstände nach der Lifo-Methode zum Stichtag (Perioden-Lifo) kann auf drei Situationen zutreffen:

1. Der Endbestand ist gleich dem Anfangsbestand. In diesem Fall bleiben die Lagerbewegungen für die Bewertung unerheblich. Der Wert des Endbestandes entspricht somit dem Wert des Anfangsbestandes.

2. Der Endbestand ist niedriger als der Anfangsbestand. In diesem Fall wird die Bestandsminderung und der Endbestand zu den Preisen des Anfangsbestandes bzw. der in den Vorjahren zuletzt angeschafften Teilbestände (Layer) angesetzt.

3. Der Lagerbestand erhöht sich im Laufe des Geschäftsjahres. Die Bestandserhöhung kann sich hierbei aus verschiedenen Mehrmengen gebildeten Posten, den so genannten Layern, zusammensetzen. Grundsätzlich gilt nach dem Lifo-Konzept, dass das zuletzt aufgebaute Layer zuerst wieder abgebaut wird. Der Wert der alten, nicht angetasteten Bestandsposten bleibt unverändert.

Die Bewertung der Bestandserhöhung kann außer mit dem ausschließlichen Lifo-Verfahren auch mit Kombinationsverfahren erfolgen:

- Kombi des Lifo-Verfahren (Basisbestand) mit dem Fifo-Verfahren (Mehrbestand) oder

- Kombination des Lifo-Verfahrens (Basisbestand) mit der Durchschnittsbewertung (Mehrbestand).

Der bewertete Mehrbestand kann nun mit dem Basisbestand zum einheitlichen Gesamtbestand zusammengefasst werden, demzufolge bei Abgängen der durchschnittliche Mengenpreis zur Anrechnung kommt. Wird der Mehrbestand getrennt vom Basisbestand als so genannter Layer verzeichnet, so müssen bei Abgängen diese Layer aufgelöst werden (nach Lifo-Verfahren).

Beispiel:

	kg	Preis je kg	Gesamtpreis
Anfangsbestand	1.000 kg	10 EUR	10.000 EUR
Zukauf	11.500 kg	15 EUR	
Zukauf	21.500 kg	20 EUR	
Verkauf	32.000 kg		
Endbestand	2.000 kg		
Verteilt auf:			

Layer I	1.000 kg	10 EUR	10.000 EUR
Layer II	1.000 kg	15 EUR	15.000 EUR
Layer III	0 kg	20 EUR	0 EUR

Der Endbestand von 2.000 kg wird ins neue Jahr vorgetragen, entweder:
getrennt nach seinen Teilbeständen

Layer I	1.000 kg	10 EUR	10.000 EUR
Layer II	1.000 kg	15 EUR	15.000 EUR
Anfangsbestand	2.000 kg		25.000 EUR

oder mit dem neuen Durchschnittswert

Anfangsbestand	2.000 kg	12,50 EUR	25.000 EUR

Wird die Lifo-Methode erstmalig angewendet, so ist der erste Anfangsbestand mit seinem Durchschnittswert vorzutragen, bevor im laufenden Geschäftsjahr mit der Layer-Bildung begonnen werden kann.

Warenbestands-Veränderungen

Die Warenvorräte werden zum Stichtag in der Inventur gezählt (Mengengerüst) und die Mengen bewertet. Bei der Verbuchung der Bestandsminderung oder -mehrung kommt es nicht darauf an, wie der Wareneinkauf erfasst wurde. Unterjährig stehen zwei Methoden zur Verfügung:

1. der Einkauf ist in gleicher Höhe sofort als Aufwand gebucht

2. der Einkauf ist aufwandsneutral als Bestandserhöhung erfasst und ggf. der tatsächliche Verbrauch zusätzlich gebucht

Beispiel:	
Warenbestand zum Beginn des Jahres	50.000 EURO
Wareneingänge während des Jahres	250.000 EURO
Warenbestand zum Ende des Jahres	70.000 EURO

1.) Wareneinkauf ist während des Jahres als Wareneinsatz erfasst worden (SKR03/SKR04):

Wareneineingang (3200/5200) 250.000

- -

an Verbindlichk. LuL (1610/3310) 250.000
Zum Jahresabschluss wird der "Erlös" aus dem erhöhten Warenbestand verbucht. Es handelt sich hierbei nicht um eine betriebliche Leistung.

Warenbestand (3980/1140) 20.000

- -

-an Bestandsveränd. (3960/5880) 20.000

2.) Während des Jahres ist der Wareneingang zwar ebenfalls auf den obigen Konten erfasst, jedoch aufwandsneutral behandelt worden. Zusätzlich hat man jedoch den tatsächlichen Verbrauch ermittelt und monatlich eingebucht. Der gesamte Wareneinsatz lässt sich in der folgender Buchung zusammenfassen:

Material-/Stoffverbrauch (4000/5000)	230.000
an Verrechn. Stoffkosten (3990/5860)	230.000

Eine kostenlose App zum Schluss:

Inventur-Gewinn-Steuern ?

FVSR GmbH Fachverlag für Steuern und Recht, Finanzen

Wieviel Steuern kostet mich mein Inventurbestand ?
Hinter dieser sonderbar erscheinenden Frage steht die Tatsache, dass ein im Vergleich zum Vorjahr höherer Inventurbestand den Gewinn erhöht und damit auch die Steuerlast, ein niedrigerer Bestand dagegen Steuern einspart.

Die Mengen werden in der Inventur objektiv gezählt, da ist nichts zu machen. Aber bei der Bewertung ergeben sich in der Regel Spielräume.

Ein und derselbe Inventurbestand kann somit Tausende EURO mehr oder weniger wert sein. Der Gewinn ebenso Tausende EURO höher oder niedriger liegen und damit die darauf anfallenden Steuern.

Inventur
.... und Steuern ?

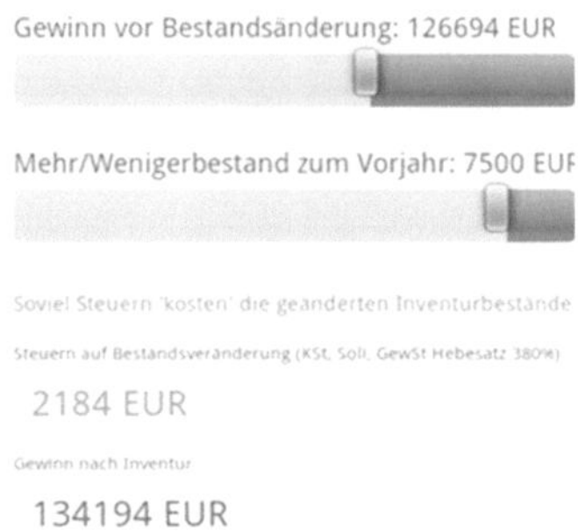

In dieser kostenlosen App lässt sich die Steuerbe- und entlastung leicht ablesen, für eine GmbH (linearer Steuersatz von 15 % Körperschaftsteuer) mit durchschnittlichen Gewerbesteuersätzen - allerdings ohne Gewähr, dass Ihr Finanzamt mitspielt.
https://play.google.com/store/apps/details?id=de.android.inventur&hl=de

Anhang Checklisten und Vordrucke

Inventur - Checkliste	
A. Planung	
Vorüberlegungen	
1.) Welches Inventurverfahren ist anzuwenden?	
a. Stichtagsinventur	
b. Vorverlegte Stichtagsinventur	
c. Nachverlegte Stichtagsinventur	
d. Permanente Inventur	
2.) Der voraussichtlichen Wert eines evt. nur einzelnen Inventurbereiches (z.B. Lager) ist zu ermitteln in:	
a. EURO	
b. Prozent	
3.) Besteht eine Lagerbuchführung?	
a. Manuell geführte Lagerkartei	
b. EDV-gestützte Lagerbuchhaltung	
4.) Welchen Kriterien gelten für die Lagerbuchhaltung	
a. Artikelbezogen	

b. Fachbezogen	
5.) Inventur findet statt:	
a. bei laufendem Geschäftsbetrieb/Produktion	
b. bei reduziertem Geschäftsbetrieb/Produktion	
c. bei geschlossenem Geschäftsbetrieb/ruhender Produktion	
6.) Zeitbedarf für Inventurdurchführung kalkulieren und festlegen	
7.) Inventuranweisung erstellen: Datum/Zeitraum/ Aufnahmetage	
8.) Dritte informieren	
a. Kunden (z.B. Bitte um Verständnis wegen Beeinträchtigung, geänderte Öffnungszeiten)	
b. Lieferanten, Spediteure (z.B. Datum der letzte Warenannahme vor Inventur)	
c. Konzessionäre	
Inventurpersonal:	
1.) Inventurleitung für Planung Durchführung benennen	
2.) Personalbedarf für Inventurdurchführung feststellen	
3.) Inventuraushilfen anwerben	
4.) Inventurteams (Zähler bzw. Ansager und Schreiber) bilden	
5.) Teamleitungen benennen	
6.) Beachten: evt. je Aufnahmeteam 1 firmeneigener Mitarbeiter	

7.) Persönliche und fachliche Eignung des Inventurpersonals berücksichtigen	
8.) Aufnahmeteam/Kontrolleur nicht aus Zuständigen/Verantwortlichen des Inventurbereichs bilden	
9.)Aufnahmebereiche zu Gruppen zusammenfassen	
10.) Gruppenaufsicht benennen	
11.) Personal für die Aufnahme auswärtig gelagerter Artikel benennen	
Inventurbereiche:	
1.) Lageplan erstellen und den Betrieb in Aufnahmebereiche aufteilen :	
a. Lagerräume	
b. Verkaufsräume	
c. Büroräume	
d. Werkstatträume	
e. Produktionsräume	
f. Verkehrsflächen	
g. Schaukästen	
h. Außenlager	
i. Sich an auswärtigen Stellen befindliche Güter:	
- Baustelle	

- Spedition	
- Kommissionsware beim Kunden	
- Zur Lohnveredelung verschickte Materialien	
- Von Lieferanten abgerechn. Unterwegsware	
- Noch nicht abger. Unterwegsware an Kunden	
- Vermietete Güter	
- Ausgestellte Waren	
- Verliehene Artikel	
- Zur Probe gelieferte Artikel	
2.) Die Aufnahmebereiche in Aufnahmefelder aufgliedern	
3.) Nummernkreise für die Aufnahmebereiche vergeben	
4.) Regalbelegungsplan erstellen	
5.) Im Lageplan Aufnahmeteams und Prüfer festlegen	
6.) Auswärtig gelagerte Artikel berücksichtigen	

B. Vorbereitung	
Inventurbereiche:	
Lager, Verkaufsflächen usw. aufräumen	
Bestände zusammenstellen, stapeln und übersichtlich ordnen	
Gleiche Artikel zusammenstellen	
Defekte und beschädigte Waren separat stellen	
Verdorbene Waren oder solche mit (in Kürze) abgelaufenem Verfal-lsdatum separat stellen	
Fremde Vorräte getrennt stellen und kennzeichnen	
Überzählige und unentgeltlich erworbene Bestände getrennt stellen und kennzeichnen	
Korrekte Artikelkennzeichnung kontrollieren	
Aufnahmebereiche und – felder mit den zugeordneten Nummern kennzeichnen	
Aufnahmeverfahren je nach Artikel bestimmen (zählen, wiegen, messen, schätzen)	
Geeignete Materialien zur Abgrenzung (z.B. Trennung eine Regalreihe) bereitstellen	
Vorbereitungen in den auswärtigen Aufnahmebereichen berücksichtigen	
Hilfsmittel vorbereiten bzw. bereitstellen:	

1.) Aufnahmeformulare mit den Feldern erstellen:	
- Artikelnummer	
- Artikelbezeichnung	
- artübliche Dimension (Stück, Kilo gramm, Meter usw.)	
- Datum	
- Zeitraum der Aufnahme	
- Aufnahmebereich	
- Firmenstempel	
- Aufnahmefeld	
- Bemerkungsfeld für z.B. Beschaffenheit des Artikels oder Fremdeigentum	
- Fortlaufende Nummer	
- Name des Zählers (Ansager)	
- Name des Schreibers	
- Name des Kontrolleurs	
- Unterschrift	
2.) Ausfüllanweisungen für die Aufnahmeformulare erstellen	
3.) Formular für Inventurprotokoll mit den Feldern erstellen:	
- Inventurdatum	

- Firmenstempel	
- Name des Inventurleiters	
- Name des Inventurabnehmers	
- Tätigkeitsfelder: Belege und Unterlagen vollständig erhalten	
- Aufnahmeorte nummeriert und verzeichnet	
- Personal geplant und Funktion zugeordnet	
- Personal den Aufnahmeorten zugeordnet	
- Personal geschult	
- Lager geordnet und gekennzeichnet	
- Dritte informiert	
- Abgrenzung angewiesen	
- Einweisung Personal bei Inventur	
- Kontrolle, Freigabe und Belegablage	
- Abgrenzungsprotokoll	
- Unterschrift Inventurleiter	
- Unterschrift Inventurabnehmer	
- Protokolldatum	
4.) Bestands(Artikel-)listen (evt. aus der EDV-Buchführung) vorbereiten	

5.) Bestandslisten auf vergessene Zu- oder Abgänge kontrollieren	
6.) Formular für Inventurprotokoll anfertigen	
7.) Warenzugangslisten für während der Inventur eingehende Waren erstellen	
8.) Warenverkaufslisten für während der Inventur verkaufte Waren erstellen	
9.) Ausgabelisten erstellen	
10.) Rücklauflisten erstellen	
11.) Inventuranweisungen für Personal erstellen	
12.) Diktiergeräte bereitstellen	
13.) Lesestifte für lesbare Etiketten / Scanner bereitstellen	
14.) Taschenrechner, Rechenmaschinen bereitstellen	
15.) Kugelschreiber, Filzstifte bereitlegen	
16.) Klebezettel zur Kennzeichnung bereits gezählter Bestände bereitlegen	
17.) Notizzettel bereitlegen	
18.) Tesafilm bereitlegen	
19.) Schreibunterlagen bereitlegen	
20.) Steighilfen wie z.B. Tritthocker, Leiter bereitstellen	
21.) Tische, Stühle bereitstellen	

22.) Waagen bereitstellen	
23.) Leere Kisten für ggf. separat aufzunehmende Artikel bereitstellen	
Inventurpersonal:	
1.) Inventurpersonal schulen	
2.) Inventuranweisungen aushändigen und erläutern	
3.) Empfang der Inventuranweisungen quittieren lassen	
4.) Dem Inventurpersonal nicht die Sollbestände nennen	
5.) Die Pausenzeiten festlegen	
6.) Das Personal bzgl. Warenzugangs/-verkaufslisten anweisen	
7.) Rücklaufstellen festlegen	

C. Inventurtag	
Inventurpersonal:	
1.) Personalplan namentlich feststellen	
2.) Anwesenheiten prüfen und schriftlich festhalten	
3.) Krankmeldungen berücksichtigen	
4.) Aufnahmeteams gemäß Plan den Aufnahmebereichen und -feldern zuweisen	
5.) Aufgaben zuordnen: Schreiber, Zähler (Ansager), Kontrolleur	
6.) Aufnahmebelege aushändigen und quittieren lassen	
7.) In Rücklaufliste die Ausgabe der Belege, Listen, Hilfsmittel u.Ä. eintragen	
8.) Für schwer ermittelbare Bestände (z.B. Schüttgüter, Gemische) Fachpersonal zuweisen	
9.) Verantwortlichkeiten für die jeweiligen Aufnahmebereiche unmissverständlich abgrenzen	
10.) Für Stichprobendurchführung Fachpersonal zuweisen	
11.) Letzte Einweisung des Inventurpersonals	
12.) Ggf. Barlöhne für Aushilfen vorbereiten	
13.) Alle vorbereiteten Belege, Listen und Hilfsmittel bereitstellen	
14.) Essen und Getränke bereitstellen	

Kontrollgang in den Inventurbereichen:	
1.) Aufnahmebereiche wie im Lageplan?	
2.) Nummerierungen korrekt?	
3.) Artikel richtig zugeordnet?	
4.) Keine Artikel außerhalb der Bereiche?	
Beachten während des Inventurtages:	
1.) Fertigungsgrad von unfertigen Erzeugnissen bestimmen	
2.) Unterwegsware berücksichtigen	
3.) Aufnahmebereichsnummern nach Aufnahme durchstreichen	
4.) Fremde Vorräte separat erfassen	
5.) Artikel nach Aufnahme gegen Entnahme absichern	
6.) Rückwaren, für die noch keine Gutschriften ausgestellt wurden, separat aufnehmen	
7.) Erhaltene, aber noch nicht berechnete Artikel abgrenzen	
8.) Berechnete, aber noch nicht ausgelieferte Artikel abgrenzen	
9.) Wertpapier in Eigenverwaltung berücksichtigen	
10.) Bargeld, Schecks und Besitzwechsel aufnehmen	

11.) In Gegenwart des Zählers und Schreibers Vollständigkeit und Lesbarkeit kontrollieren	
Abgeben bei Schichtwechsel, Beendigung der Arbeiten, bei Dienstschluss:	
1.) Aufnahmebelege	
2.) Warenverkaufslisten	
3.) Wareneingangslisten	
4.) Verschriebene oder nicht brauchbare Blätter (entwerten)	
5.) Ausgehändigte Hilfsmittel	
Prüfung der Rückgaben und Eintragung in Rücklaufliste:	
1.) Wurden alle ausgehändigten Aufnahmebelege zurückgegeben?	
2.) Verschriebene Aufnahmebelege aufbewahren	
3.) Wurden auch die nicht beschriebenen Aufnahmebelege zurückgegeben?	
4.) Nicht beschriebene Aufnahmebelege entwerten (Schutz vor Missbrauch)	
5.) Sind alle Eintragungen richtig, vollständig und lesbar?	
6.) Sind nachträgliche Manipulationen auf den Aufnahmebelegen ausgeschlossen?	

7.) Sind die Leerräume auf den Aufnahmebelegen durchgestrichen?	
8.) Wurden die Namen des Inventurpersonal eingetragen und Unterschriften geleistet?	
9.) Wurde jeder Aufnahmebeleg mit einem Datum versehen?	
D. Abschluss	
1.) Stichprobenweise nachzählen z.B. jede 10. Position (Zufallsprinzip), auf Beleg notieren	
2.) Abschluss der Prüfung an Inventurleiter melden	
3.) Kontrollgang des Inventurleiters	
4.) Alle Inventurbelege (Pläne, Protokolle, Aufnahmebelege, Listen u.Ä.) sammeln	
5.) Ergebnisse der Aufnahmebelege in Inventurlisten übertragen	
6.) Inventurbelege auf Vollständigkeit und Richtigkeit prüfen	
7.) Additionen vornehmen	
8.) In EDV übertragen	
9.) Ergebnisse mit den Sollbeständen abstimmen	
10.) Numerisch sortiert die Inventurbelege abheften	
11.) Inventurzusammenstellung (Seitenangabe der Bereiche) anfertigen	

E. Beurteilung	
1.) Wurde die Inventur ordnungsgemäß durchgeführt?	
2.) Wurde der Zeitplan eingehalten?	
3.) Welche Gründe gab es für Verzögerungen?	
4.) War das Personal ausreichend geschult?	
5.) Wurden die Artikel vollständig und richtig aufgenommen?	
6.) Waren die Aufnahmeverfahren zulässig und zweckentsprechend?	
7.) Wurde auswärts gelagerte Artikel (z.B. bei Spediteuren) mitaufgenommen?	
8.) Konnten Inventurdifferenzen geklärt werden?	
9.) Gab es akzeptable Gründe für nicht aufgenommene Artikel?	
10.) Wurden Artikel doppelt erfasst?	
11.) Wurden fremde Vorräte separat ausgewiesen?	
12.) Wurden die Ver- und Einkäufe in den Beständen mengenmäßig fortgeschrieben?	

Inventurprotokoll für die Vorratsinventur

Inventurdatum:

Stempel

Inventurleiter:

Inventurabnehmer:

Tätigkeit	**erledigt/ Datum**	**durch: Unterschrift**
Belege und Unterlagen vollständig vorhanden		
Aufnahmeorte nummeriert und verzeichnet		
Personal geplant und Funktion zugeordnet		
Personal den Aufnahmeorten zugeordnet		
Personal geschult		
Lager geordnet und gekennzeichnet		
Dritte informiert		
Abgrenzung angewiesen		
Einweisung Personal bei Inventur		
Kontrolle, Freigabe und Belegablage		
Abgrenzungsprotokoll		

protokolliert:
Datum

Inventurleiter Inventurabnehmer

Ausfüllanweisung

Aufnahmetechnik:

Pro Fachnummer: jeweils von links nach rechts
jeweils von oben nach unten

Beschädigte Ware oder Artikel mit abgelaufenem Mindesthaltbarkeitsdatum sind nicht aufzunehmen, sondern vor das Regal zu setzen

Ware zu gleichem Verkaufspreis, die nicht unmittelbar nebeneinander sitzt, darf nicht zusammengefasst werden

Eintragungen nur mit Kugelschreiber

Verschriebene Blätter / leere Blätter dürfen nicht vernichtet werden

Falsche Einträge sind so durchzustreichen, dass sie noch lesbar bleiben, korrigierte Eintragungen eine Zeile tiefer schreiben

Leere Zeilen sind durch Striche zu entwerten

Merkblatt über Fehlerquellen für Inventuraufsichten

1. Fehlende / nicht eindeutige Preise = sauber /lesbar schreiben

2. Fehlende / nicht eindeutige Mengen = sauber / lesbar schreiben

3. Fehlende / nicht eindeutige Warengruppe

4. Fehlendes Aufnahmedatum = sämtliche Belege mit Datumsstempeln versehen

5. Fehlende Artikelbezeichnung

6. Nicht entwertete Leerzeilen

7. Fehlende Unterschriften der
- Aufnahmeteams
- Stichprobenkontrolleure (Stichproben pro Blatt ca. 10%, bei Mängeln erhöhen)

8. Tragetaschen sind Ware und kein Verpackungsmaterial

9. Falsche Preise bei Stirnseiten und Sonderplatzierungen (nicht zu Angebotspreisen aufnehmen)

Bitte beachten Sie die oben genannten Punkte um eine richtige Inventur zu gewährleisten!

Merkblatt für Inventuraushilfen

Sie möchten uns bei der Inventur am .... helfen.

Dazu sind folgende Punkte zu beachten:

- Beginn und Ende der Inventur wird von uns festgelegt
- Voraussichtlicher Beginn der Inventur um .... Uhr
- Voraussichtliches Ende der Inventur gegen .... Uhr oder auch später
- Für den Fall, dass wir Sie früher benötigen, lassen Sie Ihre Telefonnummer in die Adressliste eintragen
- Wir erwarten, dass Sie die Inventur durchhalten und nicht vorzeitig ohne Genehmigung gehen, da dies die Arbeitszeit der restlichen Mitarbeiter verlängert und das Zählergebnis beeinflussen würde
- Melden Sie sich unbedingt vor Arbeitsbeginn bei der Inventuraufsicht. Dort erhalten Sie folgende Hilfsmittel ausgehändigt:
- Laufzettel, Kugelschreiber, Schreibunterlage, Tesafilm, Schmierzettel
- Den Anweisungen unseres Stammpersonals ist Folge zu leisten. Die Pauseneinteilung erfolgt durch den Inventurleiter. Melden Sie sich ab, bevor Sie die Toilette aufsuchen. Vorher muss genau registriert sein, wieviel Sie gezählt bzw. geschrieben haben. In den Toiletten, Lager/Verkaufsräumen herrscht absolutes Rauchverbot
- Der Laufzettel dient als Nachweis für Ihre Arbeit. Ohne ordnungsgemäß ausgefüllten Laufzettel erhalten Sie kein Geld. Achten Sie daher selbst hierauf:

- Arbeitsbeginn, Pausen und Arbeitsende sind von der Aufsicht eingetragen
- Nach Arbeitsende sind die Hilfsmittel an der Information abzugeben

Erst dann erhalten Sie Ihr Geld.

Wer glaubt: "..... ist mir doch egal, Hauptsache ich habe heute Abend mein Geld !" der irrt sich. Wir kontrollieren ständig beim Zähler und Aufschreiber. Wenn Unstimmigkeiten festgestellt werden, sehen wir die Aushilfstätigkeit als beendet an und zahlen schlechte Arbeit nicht aus. Eine Inventur ist wichtig und muss stimmen.

Sollten Sie beschädigte Ware vorfinden, so stellen Sie diese vor die Regale auf den Boden. Wir werden diese Ware einsammeln lassen. Falsch sortierte Ware ist mit aufzunehmen und anschließend vor das Regal zu stellen. Getränke und Vesper erhalten Sie kostenlos gestellt. Selbständiges Wegnehmen von Ware ist nicht gestattet.

Melden Sie sich deshalb nur zur Inventur, wenn Sie bereit sind, bis zum Schluss mitzuarbeiten und sämtlichen dieser Anweisungen zu folgen.

Die genutzten Unterlagen sind durch den Zähler und Schreiber mit Datum und Unterschrift zu versehen.

Aufnahmeblatt

Aufnahmedatum: Seite
Schreiber:
Zähler:
Aufnahmeblatt:
Kontrolle:

Stempel

Artikelbezeichnung	Alter Beschaff.	Waren-gruppe	Menge/ kg in VE	VK pro Verkaufseinheit (VE)

Inventur abgenommen,

Unterschrift:

Inventurkalender
Firma:

Nr.	**Was ist zu tun ?**	**durch wen ?**	**Datum Soll**	**Datum Ist**
1	Beauftragen des Inventurleiters	Geschäftsleitung		
2	Bildung des Inventurteams	Inventurleiter		
3	Inventurplanung	Inventurteam		
4	Probeaufnahme	Inventurteam		
5	Benachrichtigung Kunden/ Lieferanten	Inventurteam		
6	Festlegen der Inventurrichtlinien	Inventurteam		
7	Druckauftrag Formulare/ Vordrucke	Inventurteam		
8	Einweisung der Prüfer	Inventurteam		
9	Personalplan erstellen	Inventurteam		
10	Festlegen der Aufnahmebereiche	Inventurteam		
11	Einweisung Aufnahmepersonal	Inventurteam		
12	Vorbereitung Aufnahmebereiche	Bereichsleiter		
13	Inventur	Beteiligte		
14	Nachbesprechung/Beurteilung	Inventurteam		

Im Fachverlag für Steuern und Recht GmbH, Weinheim sind von Dipl.-Kfm. Elmar Goldstein bislang folgende Bände der Blauen Reihe erschienen:

Inventur kompakt, Band 1

DATEV-Buchhaltung im Überblick, Band 2

Anlagenbuchhaltung kompakt, Band 3

Die Steuerberaterrechnung, Band 4

Kontierungstabelle für die Vereinsbuchhaltung, Band 5

Abschreibungstabellen, Band 6

Weitere Bücher sind im Haufe-Lexware Verlag, Freiburg erhältlich:

Richtig Kontieren von A bis Z, Bestell-Nr. 1134

Schnelleinstieg in die DATEV-Buchführung, Bestell-Nr 1135

Belege richtig kontieren und buchen, Bestell-Nr 1170

Lienig: Praktische Buchführung für Vereine, Bestell-Nr 7019

Jahresabschluss – leicht gemacht, Bestell-Nr 1136

GmbH-Jahresabschluss leicht gemacht, Bestell-Nr 6179

Jahresabschluss der Personengesellschaften, Bestell-Nr 11001

Betriebsausgaben von A bis Z, Bestell-Nr 1034

Betriebsprüfung im Unternehmen, Bestell-Nr 3084